深海之谜

生机勃勃的黑暗国度

[德] 曼弗雷德·鲍尔／著　王荣辉／译

航空工业出版社

方便区分出不同的主题！

真相大搜查

12

恐怖的外形：几乎没有猎物能在这样的尖牙利嘴下全身而退！

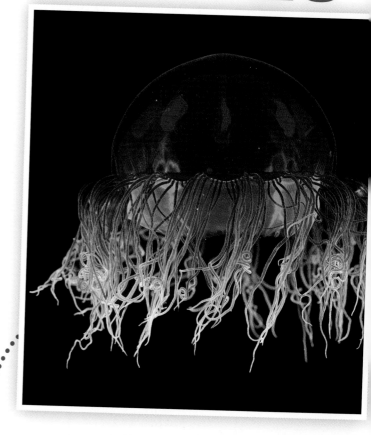

深海的红色水母：一个遥控潜水器在 2600 米深的北极海域，拍摄到这只血红色水母的优雅姿态。

20

20 / 生机勃勃的深海

4 / 挺进黑暗国度

24

哇，什么东西在那里发光？千万别被这些光欺骗！

30

你看什么看？
我们可是深海
的代表哦！

符号箭头 ▶ 代表内容特别有趣！

36

黄衣人：为了潜入深海，研究
海洋的科学家们构思了许多很
棒的潜水器具。

46

我需要更多的压
力！那会让我的外
表好看一点。噗！

48 名词解释

重要名词解释！

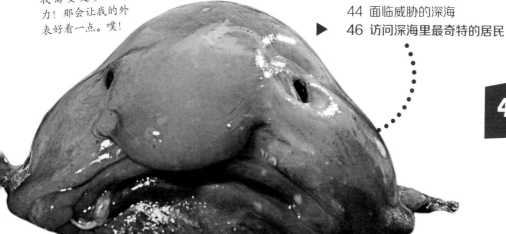

前往海底最深处

1960 年 1 月 23 日，在西太平洋关岛附近的海面上，瑞士深海探险家雅克·皮卡德与美国海军军官唐纳德·沃尔什正在为一场冒险做准备，他们要创造一项前所未有的纪录——下潜至全球海洋的最深处，也就是马里亚纳海沟的挑战者深渊。"特里亚斯特号"将载着他们两人到海平面以下约 11 千米深的地方，那里的压力比海平面高出近 1100 倍。

潜 艇

"特里亚斯特号"是一艘深海潜艇，它的运作方式和热气球相类似。在它的船底挂载了一个高度密闭的钢制球舱，操作人员可以坐在里面。如果钢制球舱的密闭性稍有闪失，它将被巨大的水压压毁。无论是在水面航行还是在水下潜航，这艘深海潜艇都是由汽油来推进的。当"特里亚斯特号"将水引入水箱时，它便可以开始下潜。除此之外，潜艇上还搭载了数吨重的铁质压舱物。当潜艇下潜速度过快时，操作人员可以通过舍弃压舱物来调节速度。而如果将更大量的压舱物舍弃，就能使潜艇上浮。万一遇到紧急情况，也可以一次就把所有压舱物全部舍弃，这时潜艇就会像软木塞一样迅速往上浮起。

下 潜

皮卡德与沃尔什先从舱门向下爬进钢制球舱里，并将沉重的舱门锁上。接着，皮卡德开始往水箱里注水，随即展开一场前往深海的冒险。不久之后，透过一扇小小的有机玻璃窗（厚达 15 厘米）望出去，这两位冒险家眼前所见的，

重新回到海面，并且呼吸到新鲜的空气，皮卡德与沃尔什发出欢呼。为了完成这次冒险之旅，他们两人总共在钢制球舱里待了 8 个小时。

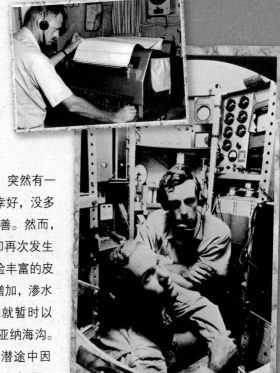

就只剩一片漆黑。就在这时，突然有一点海水从外面渗进球舱里！幸好，没多过久，渗水的现象便有所改善。然而，到了 5500 米深的海域时，却再次发生了轻微的渗水现象。不过经验丰富的皮卡德心中有数，随着压力的增加，渗水处将会自行堵住。于是他们就暂时以每秒 1 米的速度下潜至马里亚纳海沟。如果"特里亚斯特号"在下潜途中因为碰撞沟壁而受损，应该怎么办呢？万一不幸遭遇这种情况，他们两人也只能自求多福了，因为海面上的人完全来不及拯救他们。突然间，在一阵剧烈的震动后，潜艇发出了一声巨响。然而，皮卡德却处变不惊地继续往下潜。历经 5 个小时，"特里亚斯特号"总算抵达海底，那里距海平面有 10916 米之遥。在深海的荒原里，这两位冒险家只见到了一条鱼和一只虾。不过，这也足以证明，即便是在高压的环境下，生物仍然有存活的可能性。这两位冒险家仅在海底停留了大约 20 分钟，随即就舍弃压舱物，重新浮回水面。经过一番检查之后，他们发现，途中的巨响是因为舱门的某扇窗户发生了擦撞，他们又逃过了一劫！

深海潜艇 "特里亚斯特号"

"特里亚斯特号"是由瑞士科学家、热气球驾驶员奥古斯特·皮卡德所设计。这艘深海潜艇的运作方式就类似于热气球。雪茄形的船体部分就像一个气球，只不过船体里面装的并不是气体，而是70吨汽油。汽油的密度比水小，并且为潜艇提供了必要的动力来源。

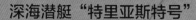

舱门

驾驶员可以从这里进入加压舱。

螺旋桨

压舱物储存舱

用来储存准备舍弃的压舱物。

加压舱

钢制球舱可以分散巨大的水压，从而保护驾驶员。驾驶员可以通过朝下斜置的瞭望孔观察深海。

挑战者深渊里的 "海神号"

在"特里亚斯特号"的潜航壮举完成了多年以后，才有其他潜艇潜至马里亚纳海沟的底部。日本的"海沟号"是第二艘完成这项壮举的潜艇（1995年）。而美国的"海神号"则是第三名，它在2009年5月31日抵达了10902米深的挑战者深渊。这艘无人驾驶的深海潜艇长4.25米，重3吨，潜艇的名字取自希腊神话中的海神。2014年，"海神号"不幸失踪，人们最终或许只能找到它的碎片。

向深处下潜

潜水员可以到达的地方尚自明亮。在温暖的热带海域里，透光层还会长出色彩缤纷的珊瑚礁。

皱鳃鲨

巨兽之争
为了捕捉巨型乌贼，抹香鲸能轻松潜至海平面以下1000米的深处。最深处甚至可达11千米！在某个地壳板块俯冲另一个板块之下的交会处，会出现海底凹地。在那附近大多会形成火山，而火山也会连带形成整个岛弧。

深海鮟鱇

浮游植物

浮游动物

鹦鹉螺

银斧鱼

巨型管水母

500米

1000米

1500米

透光层

阳光可以照射到海平面以下约200米深的海域。在这个明亮的区域里，繁衍了许多浮游植物。这些植物堪称海洋中一切生态能量的基础。

微光层

海平面以下200至1000米的海域被称为"微光层"。由于能照射到这里的阳光很少，植物无法在这里存活，生活在微光层的生物不外乎浮游动物与细菌。因此有些动物会游到较上层的海域中觅食。

无光层

海平面以下1000米直至海底的海域被称为"无光层"。洋盆的平均深度大约为4000米，不过有些地方的深度更深（这些地方大概只占海底总面积的百分之一），最深处甚至可达11千米！在某个地壳板块俯冲另一个板块之下的交会处，会出现海底凹地。在那附近大多会形成火山，而火山也会连带形成整个岛弧。

大陆坡

陆地延伸至海洋的较平坦地区域被称为"大陆架"，连接大陆架的陡峭倾斜区域则被称为"大陆坡"。大陆坡是海洋和陆地的真正界限，它的底部触及了海洋的地壳板块。在大陆坡区域经常分布着很深的峡谷。

深海热泉

在海底的某些地方，高温的地热会通过岩石将海水加热，当这些海水再次流出时，就会成为炙热的泉水。这些深海热泉附近经常汇聚着细菌、管虫、甲壳动物等生物，它们不需要阳光，只需要利用热泉中的化学物质便足以存活。

掠食性海鞘

玻璃鱿贼

红色水母

小飞象章鱼

棕色水母

2500米

三脚架鱼

3000米

3500米

大王具足虫

2000米

深海潜艇

为了下潜至深海，科学家们需要特殊的交通工具。如今世界上只有"鹦鹉螺号"与"深海挑战者号"两艘载人潜艇曾抵达过全球海洋最深处（即挑战者深渊）。而到目前为止，全世界也仅有3个人曾潜航至海平面以下11千米的深处。

NAUTILE

"鹦鹉螺号"（法国）
潜航深度：6000米

5000米

"阿尔文号"（美国）
潜航深度：6500米

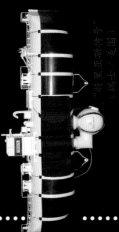

"深海挑战者号"（美国）
潜航深度：11000米

10000米

征服深海

大约自两个世纪之前起，人类才开始对全球的海洋进行学术性探索，但同时也遇到了一连串难解的问题。在很长一段时间里，学术界一致认为，在超过海平面 600 米深的海域里绝不可能有生物存活。然而，随着后来不断有挖泥船和渔网捕获到一些稀有的新物种，这样的想法逐渐被证明是错的。如今，海洋科学家已经可以借助潜艇与潜水机器人探索深海，每一次到达黑暗国度的潜航之旅，都有可能带回更多新的信息。

1960

1960 年 1 月 23 日，瑞士人雅克·皮卡德与美国人唐纳德·沃尔什，搭乘 "特里亚斯特号" 潜艇下潜至马里亚纳海沟的挑战者深渊。在海平面以下 10916 米深的地方，他们通过小小的有机玻璃窗口看见了一条鱼和一只虾。他们只在那里短暂停留了约 20 分钟。

"挑战者号" 研究船上的学者

1872-1876

英国研究船 "挑战者号" 绕行全世界。随行的学者不仅探索了海底的山脉，而且不辞辛苦地从深海里捕获了超过 4700 种未知的生物。"挑战者号" 所触及的最深海域深达海平面以下 5500 米。这也首次证明了深海里的确有生物存活。

1912

"泰坦尼克号" 曾被认为是永不沉没的邮轮，不料却在第一次航行的途中，因为意外撞上冰山而葬身大海。为了能够及时辨识出危险的冰山，德国物理学家亚历山大·布雷姆发明了回声探测仪，借此来测量水面下的距离。

"泰坦尼克号"

1948

欧帝斯·巴顿搭乘他新建造的 "探海艇"，下潜至海平面以下 1370 米深的海域。

欧帝斯·巴顿（左）与威廉·贝比合影于 1932 年。

"特里亚斯特号" 潜艇

1872-1876   1898   1912   1948   1960   1961

"瓦尔迪维亚号" 研究船

1930

威廉·贝比与欧帝斯·巴顿搭乘着由钢缆牵引的潜水球，潜入海平面以下 427 米深的海域。他们不仅观察到了深海动物如何在自然环境中生存，更见识到了它们如何利用身体发出奇异的光。

潜水球的发明者：欧帝斯·巴顿

腔棘鱼

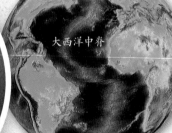

大西洋中脊

1898

1898 至 1899 年间，德国的一支探险队搭乘由 "瓦尔迪维亚号" 所改装的研究船，在南大西洋和印度洋展开了探索之旅。随行的学者们不仅发现了许多新的生物物种，而且从海底取得了锰结核。研究人员后来又花费了 40 多年的时间，才将为数众多的新发现整理完毕。

1938

非洲渔民捕获了一条腔棘鱼，这个消息曾轰动一时。人们原本以为，这种鱼早在 6500 万年前就灭绝了。50 年之后，德国生物学家汉斯·弗里克搭乘小型潜艇，在科摩罗群岛附近 200 米深的海域成功拍下了这些 "活化石" 的影像资料。

1961

美国地质学家发现，海底不仅会不断消失，同时也会持续重建。这种 "海底扩张学说" 证明了大陆漂移理论。这项理论表明，如今的大陆分布状态其实是历经亿万年变迁的结果。

1977

在科隆群岛附近约 2500 米深的海域，"阿尔文号"潜艇发现了俗称"黑烟囱"的深海热泉。从高达数米、由矿物沉积物组成的"小烟囱"里，不断冒出温度达 400 ℃的热水。在热泉的旁边，是细菌、管虫、甲壳动物和鱼类，它们的存活完全不需要依赖阳光。

1988

苏联的两艘深海潜艇"和平一号"与"和平二号"，双双到达了海平面以下 6000 米深的地方。这两艘潜艇载着游客们前去参观"泰坦尼克号"的船骸，著名导演詹姆斯·卡梅隆也曾参观过，他于 1997 年将那场船难重新搬上了银幕。

1990

在冷战结束之后，曾经高度保密的军事科技终于可以供一般学术研究使用。如今，借助美国海军在全球海域所布建的水下麦克风网络，科学家们不必依靠核潜艇也能监测鲸鱼和海底火山爆发的情况。

1995

日本潜艇"海沟号"下潜 10911 米，成功抵达了马里亚纳海沟的深渊。第二年，"海沟号"又从海底凹地里取回了许多沉积物的样本。

黑烟囱

"和平一号"

抹香鲸

"海沟号"

1985 ○

1977 ○

1988 ○

1989 ○

1990 ○

1995 ○

2012 ○

"泰坦尼克号"的船首

"鹦鹉螺号"

"深海 6500 号"

1985

潜水专家罗伯·巴拉德在北大西洋发现了传奇邮轮"泰坦尼克号"的船骸。

1985

法国的研究潜艇"鹦鹉螺号"下潜至海平面以下 6000 米深的海域。

1989

日本深潜器"深海 6500 号"成功下潜至海平面以下 6500 米深的海域。地质学家想借此研究日本东海岸的海底，因为当地经常会发生陆上或海底地震。

2012

著名导演詹姆斯·卡梅隆搭乘自制单人潜艇"深海挑战者号"，成功下潜至马里亚纳海沟，成为世界上完成这项壮举的第 3 人。

潮湿但明亮的区域

如果想潜入深海，首先就得潜过上层海域。白天，最上方的海域仍然会有阳光照射进来。借助潜水鞋、呼吸管和潜水镜，人们就能轻松探索珊瑚礁的缤纷世界。而如果想在水里待更长时间，就得先接受休闲潜水训练。在经验丰富的潜水员的陪同下，经过训练的人背上气瓶就能挑战更深的海域，有机会近距离接触珊瑚。有些珊瑚柔软得像皮革一样，有的却密实坚硬得像石头。第一眼看上去，珊瑚会被人误认为是植物，但实际上这些在水中觅食的生物是不折不扣的动物。在珊瑚之间，总会有许多海胆、螃蟹及形形色色的鱼来回穿梭。休闲潜水下潜的极限深度为 40 米。在这个深度的海域里，海水中弥漫着青绿色的光，这是因为阳光里的红色部分被海水吸收、无法穿透到这里。然而，真正的深海却还在更深的地方。

深海从哪里开始？

一直到约 200 米深的海域，都还有充足的阳光。因此，这段最上层的海域被称为"透光层"，它的下面一层则被称为"微光层"。不过海底世界的居民才不理会这些人为划分的界线，有些动物会经常往返于透光层与微光层。那些来自海洋更深层的访客，往往是去寻找透光层里的浮游生物或其他更加丰盛的大餐。螃蟹、水母和各种鱼类都会时不时游上来饱餐一顿。

开始于浮游生物

透光层里的所有动物全部直接或间接地依靠浮游植物存活。这些微小的植物会借助阳光将二氧化碳和水转化为碳水化合物。浮游动物是十分微小的水生动物，它们需要依靠浮游植物存活。水母和小型鱼类普遍以浮游生物为食，而另一方面，它们也是大型鱼类的食物来源。因此，就整体的生态关系而言，浮游植物不仅滋养了透光层的所有动物，更滋养了来自微光层甚至更深海域的访客。当浮游生物死亡后，它们的残骸就会下沉至更深的海域，鱼类和其他海洋生物也都是这样。如此一来，深海便能持续从上层海域获得食物供给。假如没有太阳，没有透光层，深海里的动物多半也无法生存。

浮游动物

浮游动物以浮游植物为食。小型鱼类以浮游生物为食，包括浮游植物和浮游动物。大型鱼类则以小型鱼类为食。就连珊瑚虫也会去捕食水中的各种浮游生物。

浮游细菌

每毫升海水中含有数百万的细菌。有些细菌自由地畅游在水中、有些附着在细小的微粒上、有些则依附在其他浮游生物上。

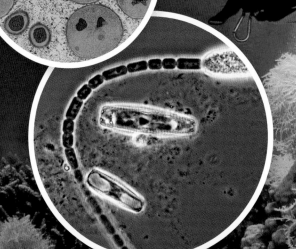

浮游植物

需要借助太阳的能量产生
生长所需的物质。海洋里的所有
生物几乎都直接或间接地依靠
阳光存活。

热带的珊瑚礁只
存活于有阳光照
射的温暖海域。

生活在朦胧里

海平面以下 200 至 1000 米深的海域被称为"微光层",它的上方是有阳光照射的"透光层",下方则是完全黑暗的深海。由于阳光不足,所以在微光层里几乎没有植物生长,生活在这里的都是动物。

利用光来伪装

微光层里的许多动物都会利用光进行伪装。它们会借助位于腹部的发光器官来模糊自己的身体轮廓。如果有掠食者从下方往上看,掠食者眼中的它们就只是朦胧的黑色轮廓,发光的腹部会使它们的身体融入背景里。如果从远处观察,发光器官则会在由上方投射下来的朦胧光线里显得模糊。不过,只有在亮度与背景刚好合适的情况下,这套伪装的把戏才能奏效。发光器官所发出的光,有些来自特殊的发光细胞,有些则是寄生在发光器官里的细菌造成的。

夜间迁移

每到傍晚与清晨,海里都会发生大规模的迁移。当上层海域暗下来后,深层海域里的许多居民就会浮到上层来。在天色恢复明亮之前,它们又会返回那个较为寒冷且黑暗的世界,并且在那里度过白天。对它们而言,那里会比较安全。

是谁在迁移?

水母、磷虾、乌贼以及鱼类等生物每天都会上下迁移。体长 1 至 3 毫米的桡脚类生物,为这群迁移者提供了食物来源。桡脚类生物会利用它们羽毛状的桨奋力往上游,由于它们每分钟只能向上推进 1 米,所以要浮至食物丰富的上层水域往往需要花费几个小时。体型较大、速度较快的动物,在上升时相对较为轻松。乌贼和水母甚至可以先将水吸入体内,再利用喷管将水喷出,借此制造出"火箭推进"的效果。某些凝胶状的栉水母与管水母,则可以通过制造气体提供推进的动力,将自己像热气球一样带往上层水域。尽管上上下下需要耗费不少能量,可是返回微光层却是值得的,否则,它们很可能会在阳光普照的海域里沦为掠食者的美餐。

鹦鹉螺

带有螺旋状外壳的鹦鹉螺被认为是海洋中的活化石。这种古老的头足纲动物早在 5 亿多年前就已经存在了,并且从那时起几乎没有任何改变。鹦鹉螺可以生存在大约 500 米深的海域。

掠食性桡脚类生物

桡脚类生物是孜孜不倦的迁移者。每当夜幕降临,它们就会游往上层水域觅食。直到破晓时分,它们才会再次返回下层水域。

灯笼鱼

知识加油站

▶ 学者们将这些深海居民由下而上并再次返回的迁移现象称为"垂直洄游"。在进行洄游时,动物们偶尔会以群体紧密贴近的方式向上游动。因此,当船上的声呐侦测到整群灯笼鱼游向上层水域时,乍看之下,仿佛整个海底都向上抬升了起来。

深海龙鱼

这种鱼栖息于100至1500米深的海域。它们能完美地适应微光层的环境。

慎 戒

慎戒又被称为"婴儿车虫",成长于状似玻璃的小浮筒里。它们的母亲会将海樽挖空,并把卵产在里面。产卵后,母虫就会像推婴儿车那样推着它们。海樽是一种可以游动自如的尾索动物。慎戒和海樽全都依赖浮游生物存活。

银斧鱼

银色闪亮的身躯会反射周围微弱的光线,这会使它们几乎无法被看见。借助位于嘴部附近的发光斑点,银斧鱼就可以诱使猎物上钩。

玻璃水母

微光层里的水母以浮游生物为食。

玻璃蛸

身体透明得像玻璃一样,许多掠食者都无法辨识出玻璃蛸。

皱鳃鲨

深海里也有鲨鱼,只不过其中有些看起来完全不像鲨鱼。皱鳃鲨得名于它们显眼的鳃,这些鳃几乎环绕了整个头部。皱鳃鲨的体长可达两米。

蝰 鱼

蝰鱼会利用发光器捕食猎物。它们只要张开大嘴就能开始诱捕。它们的尖牙非常适合捕食,眼睛又大又敏锐,即便是最微弱的闪光也能感受到。

现在你已经抵达1000米深的海域。这里的压力高达100个标准大气压。不过,接下来还有更深的海域……

玻璃乌贼

玻璃乌贼栖息于 1600 至 2500 米深的海域，通常情况下，它们只有大约 20 厘米长。万一它们被别的掠食者盯上，会先恐吓对方一番：它们把水吸进体内的某个球囊，使平时细长的身躯鼓起来；接着将头和触手等部分缩进体内。万一这招不管用，它们就会喷出墨汁并尝试逃脱。

既黑暗又寒冷的深海

大约到了 1000 米深的海域，阳光便再也无法穿透。经过漫长的演化，这里产生了许许多多奇特的生物。它们有的在头部长着会发光的"钓竿"，有的具有"望天眼"，有的则长着巨大的嘴巴，这些动物全都是极端生存环境下的产物。在一片漆黑的深海里，不仅食物短缺，而且温度多半低到只有 2℃ 至 4℃。为了节省能量，深海里生活的动物大多采用慢动作。

庞大的压力

在 1000 米深的海域里，压力大约为 100 个标准大气压，而到了 6000 米深的海域，压力则增大至 600 个标准大气压。深海动物并没有装填空气的空腔，它们的整个身体几乎是密闭的。相较于浅海区的鱼类普遍借助鱼鳔填充空气进行上浮，深海鱼类则不具备鱼鳔这样的器官。

食物短缺

所有的深海动物都是掠食者，而且它们多半会将猎物一口吞噬。几乎没有什么深海动物会去一口一口地慢慢享用猎物，因为来不及吃的部分很快就会沉入海底。它们的尖牙利齿足以使到嘴的猎物无法逃脱。此外，许多掠食者还会利用光作为诱饵将猎物引诱到自己嘴边，有时这些发光陷阱甚至就直接设在嘴里。

世界上最长的动物

有些水母由许许多多特别的单位组合而成，体型十分巨大。由于它们的身体组织就像人类的国家一样，所以这种水母被称为"国家水母"（也叫巨型管水母）。它们身上的每个单位都担负特别的任务：有些单位负责气泡，借以操控潜浮的动力，这样一来，一个巨大的生命体就可以像潜艇一样移动；此外，触手负责从水里猎食，还有一些单位负责消化。这种国家水母的长度可以超过 40 米。

巨海萤

这种巨型的介形虫像桌球一样大。它们长着贝状硬壳，用来保护柔软的身体。这种娇小的掠食者甚至可以利用身上的光诱捕体型更小的鱼。

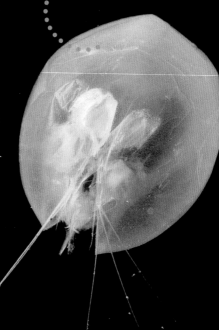

后肛鱼

后肛鱼体长约 20 厘米，栖息于大约 2500 米深的海域。它们的大眼睛能朝上看，这样一来就能注意到从上方游过的猎物了。

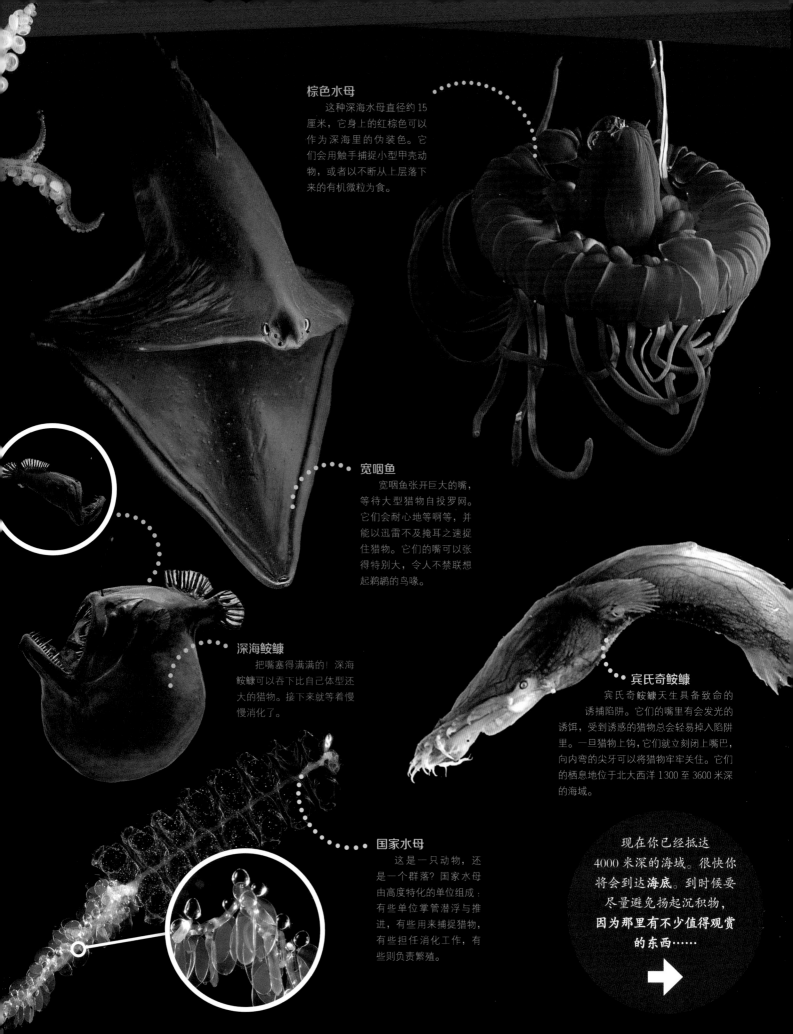

棕色水母

这种深海水母直径约 15 厘米，它身上的红棕色可以作为深海里的伪装色。它们会用触手捕捉小型甲壳动物，或者以不断从上层落下来的有机微粒为食。

宽咽鱼

宽咽鱼张开巨大的嘴，等待大型猎物自投罗网。它们会耐心地等啊等，并能以迅雷不及掩耳之速捉住猎物。它们的嘴可以张得特别大，令人不禁联想起鹈鹕的鸟喙。

深海鮟鱇

把嘴塞得满满的！深海鮟鱇可以吞下比自己体型还大的猎物。接下来就等着慢慢消化了。

宾氏奇鮟鱇

宾氏奇鮟鱇天生具备致命的诱捕陷阱。它们的嘴里有会发光的诱饵，受到诱惑的猎物总会轻易掉入陷阱里。一旦猎物上钩，它们就立刻闭上嘴巴，向内弯的尖牙可以将猎物牢牢关住。它们的栖息地位于北大西洋 1300 至 3600 米深的海域。

国家水母

这是一只动物，还是一个群落？国家水母由高度特化的单位组成：有些单位掌管潜浮与推进，有些用来捕捉猎物，有些担任消化工作，有些则负责繁殖。

现在你已经抵达 4000 米深的海域。很快你将会到达海底。到时候要尽量避免扬起沉积物，**因为那里有不少值得观赏的东西……**

➡

充满生命力的荒原

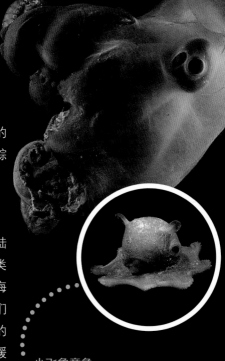

在到达海底之前，人们曾经以为大海的底部是一片广阔的泥浆荒原，在那里，没有任何生物可以活得下去。是的，海底确实只有很少的食物。然而，在潜艇探照灯的照耀之下，我们不难发现，其实有许多微小物质像雪片一样不断向下掉落。这些从上层水域落下的少量食物，就足以养活一整个包含上百万物种的动物世界。

生活在淤泥里

有些动物会隐身于海底。如果仔细过滤一下海底的沉积物，其实不难发现，在其中藏着像小虫、螺、贝、蛇尾、小螃蟹等无数的生命。这些动物依靠淤泥生存，有时也会在淤泥里留下自己的痕迹。隐身的贝类会堆出淤泥小山。淤泥上方有数以百万计的海参在漫游，它们踏着微小的脚步缓慢前进，用触须撷取剩余养分与细菌，就这样在淤泥的最顶层觅食。即便已经离去很久，它们的踪迹依然清晰可见。

深海巨兽

深海里的某些动物要比它们在浅海或陆地上的亲戚大许多。例如世界最大的等足类动物就生活在深海里。为什么在寒冷的深海里会有一些动物的体型如此巨大呢？学者们对于这个问题的看法是：基本上，在寒冷的水域里（包括深海），动物成长的速度较为缓慢，但也因此能活得更久、长得更大。学者们称这种现象为"深海巨型化"。

"我站在这里耐心等待"

三脚架鱼或许会说出这样的话。三脚架鱼会用它们长长的鳍刺立于海底，并且将头朝着逆流的方向耐心等待。它们这样做是为了捕捉朝自己游来的浮游生物与小鱼、小蟹。三脚架鱼完全不用为寻觅配偶而烦恼，因为它们是雌雄同体的动物，可以同时制造出精子与卵子，自行完成繁殖。

小飞象章鱼

这种可爱的深海居民因为它们的鳍而得名。长在头顶上的一对鳍，令人联想到卡通人物小飞象的那双大耳朵。小飞象章鱼栖息于400至4800米深的海域。它们只有在觅食的时候会稍稍脱离海底。

海百合

有柄的海百合长得像花朵一样，营固着生活，不能自由行动，大多生存在深海。

掠食性海鞘

这些掠食性海鞘虽然只有大约20厘米高，可是却极为贪吃。它们守株待兔一样地等待小蟹或小鱼闯进自己的嘴巴……然后一口将它们吞下。

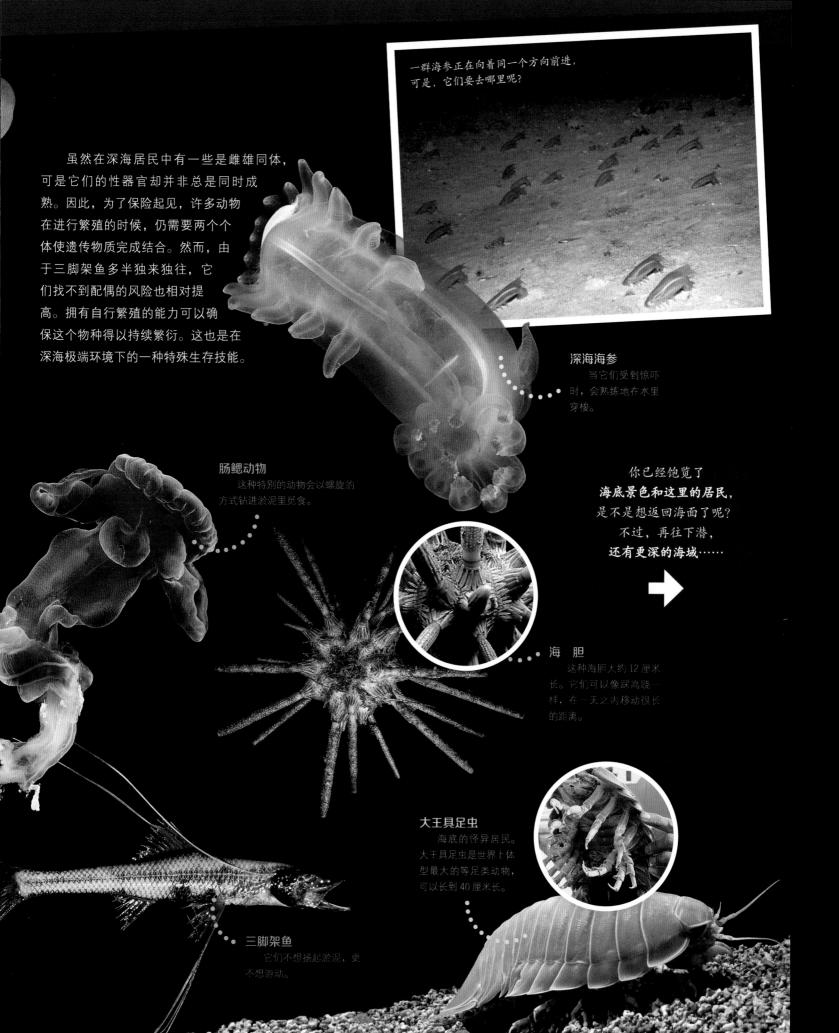

一群海参正在向着同一个方向前进，
可是，它们要去哪里呢？

虽然在深海居民中有一些是雌雄同体，可是它们的性器官却并非总是同时成熟。因此，为了保险起见，许多动物在进行繁殖的时候，仍需要两个个体使遗传物质完成结合。然而，由于三脚架鱼多半独来独往，它们找不到配偶的风险也相对提高。拥有自行繁殖的能力可以确保这个物种得以持续繁衍。这也是在深海极端环境下的一种特殊生存技能。

深海海参
当它们受到惊吓时，会熟练地在水里穿梭。

肠鳃动物
这种特别的动物会以螺旋的方式钻进淤泥里觅食。

你已经饱览了
海底景色和这里的居民，
是不是想返回海面了呢？
不过，再往下潜，
还有更深的海域……

海　胆
这种海胆大约 12 厘米长。它们可以像踩高跷一样，在一天之内移动很长的距离。

大王具足虫
海底的怪异居民。大王具足虫是世界上体型最大的等足类动物，可以长到 40 厘米长。

三脚架鱼
它们不想扬起淤泥，更不想游动。

海沟——
最深的深渊

日本

中国

菲律宾

挑战者深渊

洋盆的深度不一,平均深度约为 3800 米。不过,有些地方会出现"海沟",最深可达约 11 千米。深海凹地的面积仅占海底总面积的百分之一。它们多半分布于太平洋(世界最深的海沟也在这个区域),属于环太平洋火山带的一部分。环太平洋火山带环绕着整个太平洋,全长约 40000 千米。在这里发生的许多海、陆地震与无数的火山爆发,常常令人闻之色变。

地球最深处

马里亚纳海沟是全球最知名的海沟,它位于两个海洋板块(马里亚纳板块与太平洋板块)的交界处。这条海沟全长约 2550 千米,平均宽度为 70 千米,最深的地方则是著名的挑战者深渊,位于海平面以下约 11000 米的深处。如果将地球上最高的山脉沉入其中也绰绰有余。因为世界最高的珠穆朗玛峰也仅有 8844 米高,如果将整座山放进挑战者深渊里,山峰离海平面仍有 2000 多米的距离。

马里亚纳海沟

在海平面以下 11 千米的深处,感受那里的压力 —— 就像在你的指甲上放一辆车。

巨型阿米巴虫

日本潜水器"海沟号"在马里亚纳海沟发现了这种奇特的生物。巨型阿米巴虫虽然有大约 25 厘米长,却是一种单细胞生物。

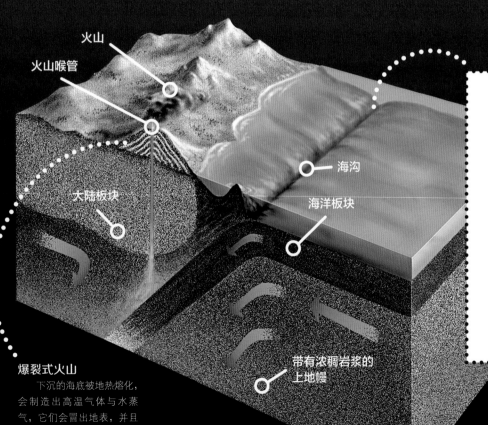

火山

火山喉管

海沟

海洋板块

大陆板块

当海底沉没

地壳由 6 个大板块构成,它们会像小船一样在滚烫而黏稠的地幔上漂移。在漂移的过程中,板块会相互推挤。当一个较重的海洋板块与一个较轻的大陆板块相互踫撞时,海洋板块就会俯冲到大陆板块下方。如果有两个海洋板块相互碰撞,较重的板块也会沉入较轻的板块下方。在板块碰撞的交界处便会产生海沟,这些海沟往往可达数千米深。

爆裂式火山

下沉的海底被地热熔化,会制造出高温气体与水蒸气,它们会冒出地表,并且带来危险的火山爆发。

带有浓稠岩浆的上地幔

海底深处的生态

细菌在这个星球上无所不在，就连海沟的泥浆里也布满了细菌。然而，在这流速缓慢的海域里，还存在着不少多细胞生物，例如胶体状的海参。它们总是孜孜不倦地在淤泥之中寻觅着可以吃的食物。

许多深海动物都具有胶体状的身体。在食物匮乏的深海里，动物们在增大自己的体型时，不需要为了建构沉重的外壳、骨头或其他坚硬的身体部分而耗费许多能量。此外，这些形状像水母的动物，也不必担心会因为强烈的水流或波浪而受伤。因为在深海里并没有波浪，只有和缓的水流。而凭借这和缓的水流，海水就能持续进行对流，生物赖以生存的氧气也可以不断输送至最深的海底。

以木头为食

沉入海底的木头也是重要的食物来源之一。这些沉落的木头有可能是某些木船的残骸。然而，由于那些以木头为食的海底生物存在的时间，比人类利用船舶航行的历史更为久远，因此，木头要沉入海底必然有其他自然的途径。事实上，有许多海沟都位于海岸附近。不少树木在被风吹倒之后，就会流入大海，进而沉入海底。紧接着，会钻孔的虫、贝类、甲壳动物，甚至无所不在的细菌等生物，就可以分享这些沉落的木头了。

➜ 你知道吗？

1951 年，深海研究船"挑战者 2 号"成功测量马里亚纳海沟并发现全球海洋的最深处之后，这个最深的深渊便以"挑战者"命名。

1~2个月后

首先会有钻木贝类、端足类动物、其他甲壳动物与细菌等前来啃食沉落的树干。

3~6个月后

原本的树干不断被分割成小块。动物的排泄物里会有蠕虫进驻。接着就会有其他掠食者来捕食树干里的居民。

6个月之后

氧气开始短缺。不过有些生物就算没有氧气也能存活。它们以硫化物维生，并且会继续破坏木头的纤维素。

大约过了一年之后，整根树干就会被破坏殆尽。在那之前，陆续有足够的食物落到海底，可供细菌、蠕虫、甲壳动物等延续生命。

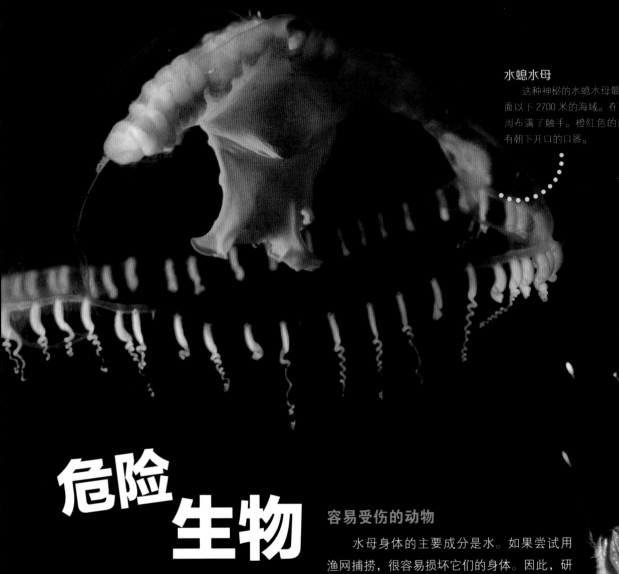

水螅水母

这种神秘的水螅水母最深可栖息于海平面以下 2700 米的海域。在其透明伞顶的四周布满了触手。橙红色的部分是胃部，带有朝下开口的口器。

危险生物

水母在大海里的存活历史已经超过 6.5 亿年，然而，从古至今，它们的构造却几乎没有任何改变。在海岸附近的平静海域，我们经常可以见到这些像玻璃一样透明的生物优雅地漂浮过来。

深海的水母

深海是水母的天堂，这里没有会对这些容易受伤的动物造成威胁的风浪，它们可以欢快、优雅地徜徉在这片宁静的海域。这里的许多水母和浅层的水母同样都是透明的，因此其他的掠食者常常看不见它们。然而，有些水母却是通体透红，有些甚至还会发出奇特的亮光。

容易受伤的动物

水母身体的主要成分是水。如果尝试用渔网捕捞，很容易损坏它们的身体。因此，研究水母最好的方式，就是用潜艇在它们的生活环境里就近观察。

触伤或吸附

水母是很干练的掠食者，它们的触手上长有无数的刺细胞。一旦有别的动物触及它们的触手，刺细胞便会立即发射毒刺。带着倒钩的毒刺会钻进猎物的体内。此外，栉水母还会用触手上的吸附细胞来捕捉甲壳动物、幼虫以及其他深海浮游生物。它们可以将触手收回，借此把捕捉到的猎物送到嘴边。某些栉水母甚至会以其他水母为食，而且是一口吞噬。栉水母多半只有几厘米长，可是有些品种却能长达 1.5 米。

栉水母

德里欧多拉腺状水母是一种栉水母。它们能用具有吸附功能的触手捕捉浮游生物或小型鱼类。这些触手可以整个收回，这样一来，水母就能将猎物送入口中。

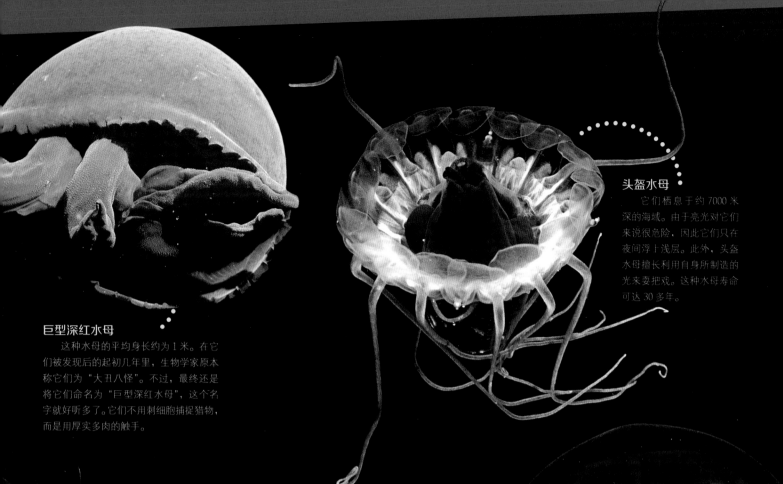

头盔水母

它们栖息于约 7000 米深的海域。由于亮光对它们来说很危险，因此它们只在夜间浮于浅层。此外，头盔水母擅长利用自身所制造的光来耍把戏。这种水母寿命可达 30 多年。

巨型深红水母

这种水母的平均身长约为 1 米。在它们被发现后的起初几年里，生物学家原本称它们为"大丑八怪"。不过，最终还是将它们命名为"巨型深红水母"，这个名字就好听多了。它们不用刺细胞捕捉猎物，而是用厚实多肉的触手。

帽水母

帽水母戴了一顶凝胶做的帽子。最大的八瓣隔膜水母仅有两厘米大。这种水母不仅分布于大西洋、太平洋与印度洋，就连在地中海也可以见到它们的身影。

太阳水母

这种美丽的生物仅有 4 厘米大小。它们可以利用 2000 多个细微触手捕捉小型甲壳动物和有孔虫。

红色水母

有时它们所吞食的猎物会在胃部发光。不过这些光倒是不会泄露水母的行踪，因为它们的胃部长有红色的"阳光膜"。

深海巨兽

如果水手们的见闻都是真的，深海里似乎隐藏着某些巨大的怪兽。这些巨兽的体型大到可以将整艘船摧毁。水手们的见闻究竟是真是假呢？事实上，的确一再有一些异常巨大的乌贼被冲到岸边。而那些水手们所看到的，很有可能只是这种数米长的巨型乌贼出现在较浅的海域。有种生物肯定很清楚这一点，那就是抹香鲸，因为它们总爱追捕巨型乌贼。鲸鱼身上的圆形伤疤就是这两种动物生死相搏的证据。这些伤疤有时像碟子一样大，那是巨型乌贼使用锯齿吸盘攻击抹香鲸时留下的杰作。

穿梭于不同世界的迁移者

抹香鲸和我们人类都属于哺乳动物，不过它们的潜水技术却比我们好很多。虽然抹香鲸为了呼吸必须一再浮出水面，可是它们也喜欢不时地去深海游览一番，因为那里有它们最喜爱的大餐——巨型乌贼。抹香鲸自身的回声探测系统，可以帮助它们在水面附近察觉出深海里有无乌贼的踪迹，借此来判断值不值得下潜。抹香鲸通常会下潜到约1000米深的海域。然而，也有某些迹象表明，它们其实可以下潜到超过3000米深的海域。换作是我们人类孤身处于如此深的海域里，肯定早已死于巨大的压力。

30厘米
巨型乌贼眼睛的直径有30厘米长，这是动物界中最大的眼睛。

日本科学家的惊人发现曾在2012年造成轰动，他们成功地观察并拍摄了巨型乌贼的生态。

抹香鲸是天生的潜水高手。它们经常潜至大约1000米深的海域捕食乌贼，就连巨型乌贼也不放过——这一点可以从抹香鲸身上的伤疤看出来，那是大王酸浆鱿和巨型乌贼的杰作，它们曾用锐利的吸盘与抹香鲸进行抗争。

幼年大王酸浆鱿长约9米。在2200米深的海域还能见到成年大王酸浆鱿的踪迹，实际上，大王酸浆鱿的体型比巨型乌贼还要大。

两条长触手：其末端长有吸盘。

八条布满吸盘的触手

锐利如刀的喙

直径约30厘米的眼睛

喷射推进：乌贼会将水吸入体内然后喷出。

巨型乌贼体长可达18米。它们多半栖息于300至1000米深的海域，但也有可能会出现在更深的海域。

9米　　　　　18米

掌握窍门的潜水行家

为什么抹香鲸在深海强大的压力下还能安然无事呢？那是因为它们可以把海水灌入鼻腔里。它们头部中的其他空腔其实并不是空的，也就是说，里面装的并不是空气，而是脂肪。在下潜之前，抹香鲸也不像我们人类那样，必须先大口吸气，相反，它们会用力将空气呼出。

抹香鲸下潜的时间多半约为一个小时，有时甚至长达一个半小时。它们会将下潜所需的氧气储存在血液里，因为它们的血液中含有异常丰富的血红蛋白。此外，抹香鲸也比大多数动物更擅长把氧气储存在肌肉里。抹香鲸不但具备了适合潜水的血液，还拥有许多绝佳的潜水技巧。

巨型乌贼的国度

抹香鲸的胃里经常会出现数以百计的乌贼利嘴残骸，通过这一点，捕鲸人早已对巨型乌贼的存在及其庞大体型有所了解。然而，一直到2012年，日本的科学家才成功利用一只较小的乌贼将一只巨型乌贼引到潜艇前。巨型乌贼属于掠食者，它们会以鱼类和其他乌贼为食。通过这种诱食的方式，人类第一次有机会在巨型乌贼栖息的自然环境里，对它们进行近距离的观察与拍摄，这些难得的影像让全世界都感到惊奇。

长久以来，人类只能通过巨型乌贼搁浅的尸体来了解它们。

是水手的惊魂历险，还是胆小深海居民的恐怖遭遇？这些海中巨兽的真实面目究竟是什么？

黑暗中的闪光

静谧的深海漆黑一片，的确，阳光无法照射到这里。尽管如此，这里也并不是一丝光亮也没有。如果有幸乘着潜艇下潜至深海，你就会发现，这里其实到处都闪耀着点点亮光。这些亮光是由那些能自己发光的动物制造出来的，它们身上具有特殊的发光器官。灯笼鱼的身上有发光细胞，像小灯笼一样可以发出光芒。此外，有些深海生物则在自己特殊的发光器官里藏着许多发光细菌，借此来达到发光的目的。例如深海龙鱼在它们的"钓竿"尾端便藏有发光细菌，可以作为诱饵吸引猎物上门。这种在生物体内发光的有趣现象，学者们称之为"生物发光"。

冷　光

这些生物在发光时并不会感到灼热，因为它们所发出的光源自化学反应，而且是低温的。发光所经历的化学反应过程在所有动物身上都相同，是一种被称为荧光素的发光物质与氧气发生反应，在反应进行时会释放出能量，而这些能量几乎可以百分之百以光的形式散发

出来。这一点令我们人类目前的制灯技术望尘莫及。白炽灯仅能将百分之五的能量转化为光，其余大部分的能量则会以热量的形式消散。在某些深海鱼类看来，这简直就是超级浪费！

深海动物为什么要发光？

在深海里，发光其实是一种很平常的现象。可是，这些动物之所以要发光，理由却不尽相同。有些是为了引诱猎物自投罗网；有些是为了寻找配偶或是与其他同类沟通；另外还有一些则是为了用光来欺骗或恐吓敌人。

最喜欢的颜色：蓝色

深海动物最喜欢发出蓝光。由于蓝光穿透水的能力最强，因此，在深海里，蓝光便成为演化过程中的首选。深海动物的发光器官多半会制造出蓝光，而它们的眼睛也对蓝色特别敏感。

➤ 你知道吗？

我们最初是从萤火虫身上了解到生物发光的现象。它们是一种会发光的甲虫，在夏日夜晚，我们经常可以见到许多萤火虫化作一个个亮点翩翩飞舞。相比会发光的深海动物，生物发光在陆地上反而是罕见的现象。

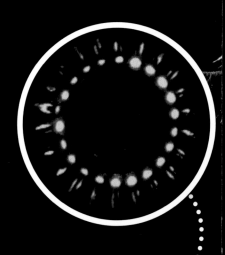

会耍警报把戏的警报水母

警报！警报！警报！

它们拥有在千钧一发之际避免被掠食者吞噬的能力，这不禁令人联想到警报装置。这种深海红色水母（警报水母）可以发出令人惊异的光线，就好像很多商家用来招揽客人的霓虹招牌。它们可以使光以一波一波的模式呈现在身体上，有时看起来就像警报装置的蓝色闪光。这种神奇的"光影秀"会引来较大型的掠食者，它们会把那些盯上警报水母的小型掠食者吃掉。

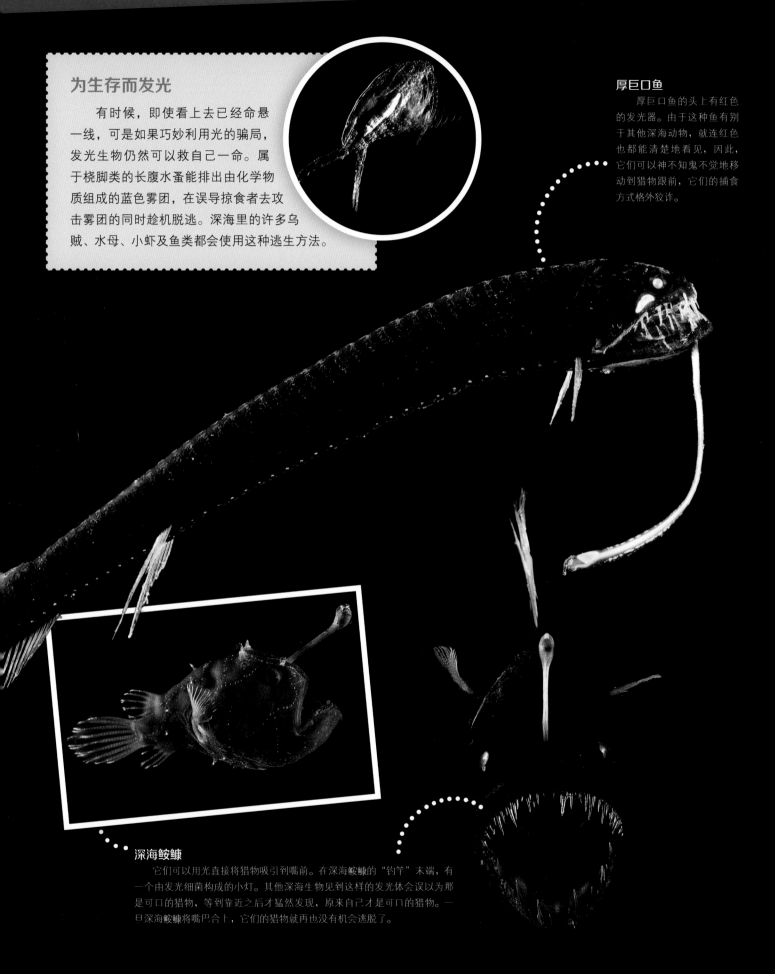

为生存而发光

有时候，即使看上去已经命悬一线，可是如果巧妙利用光的骗局，发光生物仍然可以救自己一命。属于桡脚类的长腹水蚤能排出由化学物质组成的蓝色雾团，在误导掠食者去攻击雾团的同时趁机脱逃。深海里的许多乌贼、水母、小虾及鱼类都会使用这种逃生方法。

厚巨口鱼

厚巨口鱼的头上有红色的发光器。由于这种鱼有别于其他深海动物，就连红色也都能清楚地看见，因此，它们可以神不知鬼不觉地移动到猎物跟前，它们的捕食方式格外狡诈。

深海鮟鱇

它们可以用光直接将猎物吸引到嘴前。在深海鮟鱇的"钓竿"末端，有一个由发光细菌构成的小灯。其他深海生物见到这样的发光体会误以为那是可口的猎物，等到靠近之后才猛然发现，原来自己才是可口的猎物。一旦深海鮟鱇将嘴巴合上，它们的猎物就再也没有机会逃脱了。

深海珊瑚礁

一提起珊瑚礁，我们就会联想到温暖、明亮的热带海域，那里不仅有各种奇异的珊瑚，还有为数众多、形形色色的鱼类。珊瑚的形状和大小千差万别。有些珊瑚会居住在自建的"碳酸钙房屋"里。珊瑚其实是一种动物，它们大多是十分微小的珊瑚虫，能与藻类共同存活。藻类必须借助阳光才能生长，而藻类与珊瑚虫的共生关系也帮助了珊瑚礁，使珊瑚礁即便是在营养短缺的海域里也能持续生长。

深海珊瑚礁

然而，就算是在既寒冷又黑暗的深海里，微小的珊瑚虫也可以用碳酸钙建构起珊瑚礁。不过，由于这里缺少阳光，它们必须放弃藻类的协助。深海的珊瑚只能依靠浮游生物和有机悬浮微粒（即已无生命、但具有营养的物质）维生。挪威海岸附近的寒冷海域就存在这种冷水珊瑚礁，而在苏格兰、爱

尔兰、法国与西班牙等地的外海，同样也有这种珊瑚。实际上，在全球的许多地方都存在冷水珊瑚，它们多半生长于大陆坡或海底山脉四周，借助那里的强劲水流，珊瑚能源源不断地获得新的食物。珊瑚礁之间常常会有海绵动物、贝类与海星栖息。在上千米深的海域里仍然可以见到这类珊瑚，某些鱼类甚至会特地从很远的地方游到这里来，将卵产在珊瑚礁之间，当它们产完卵再次返回浅海时，这里的珊瑚礁就能发挥保护其子代的功能。

海底火山

在海底的某些地方会有来自地下的液态熔岩流出，它们会被寒冷的海水冷却。由于新的熔岩会不断冒出，因此，海底山脉会逐渐向上增长，规模也会慢慢扩大。

如果从所在的海底算起，许多海底火山的高度可达 2000 多米。有些海底火山甚至可

深海珊瑚

深海珊瑚不能与进行光合作用的藻类共生，珊瑚虫就只能利用水流捕获食物。因此，它们总是生长在有强劲水流的地方，比如海底山脉的山腰、海底峡谷以及大陆边缘的坡面等地，在这些地方经常可以找到深海珊瑚的踪迹。

大西洋胸棘鲷

大西洋胸棘鲷也是一种喜欢群聚于海底山脉上方的鱼类，依靠海底山脉的强劲水流存活，它们是擅长游泳的高手。

不是植物，是动物才对！这种形状像蛇发女妖的动物是一种蛇尾，它们会用枝状的触手捕捉浮游生物。

以超出海平面，例如，夏威夷群岛便是一座超高的火山岛。不过，大部分的海底山脉都止于海平面以下。根据海洋地质学家的估计，在全球的海洋里大概分布着 10 万多座大大小小的海底山脉。

海洋绿洲

在一些鲜为人知的海底山脉附近，有许多新的物种逐渐被发现。在研究船与潜艇尚未对这些海底山脉进行学术性探索之前，许多渔民早就把这些地方视为产量丰富的渔场。一般来说，靠近峰顶的海域食物来源特别丰富，因此这里会有许多海洋生物栖息。

依赖水流

海底山脉的存在会增强附近的深海水流。就像在陆地上的山腰处会有强劲的上升气流一样，挟带大量食物的深海海水也会从海底山脉的山腰处往上流。相比于其他空旷的海域，在海底山脉的山腰与山峰处，明显聚集了更多小型海洋生物，它们会进一步引来较大型的掠食者。因此，海底山脉同时也是金枪鱼群与双髻鲨群的汇集地。

深海扇珊瑚与甲壳动物

虽然全球生长在热带海域的珊瑚有超过 800 种之多，可是深海珊瑚却只有 6 种，深海扇珊瑚是其中之一。许多甲壳动物会栖息在这些珊瑚之间，它们以珊瑚虫分泌的黏液为食。

知识加油站

▶ 海底山脉顶峰上方的涡流被称为泰勒帽。海底山脉附近汇聚了许多生物，因此经常会吸引大量鲨鱼、金枪鱼及海鸟前来觅食。

海底山脉的顶峰上方经常会形成涡流。较小的生物会被困在涡流里，大型掠食者便可以借机前来饱餐一顿。

海底山脉

洋盆里布满了海底山脉。据估计，高达 1000 米以上的海底山脉可能有 2.5 万座，甚至 5 万多座。如果将规模较小的也一并计入，海底山脉的数量大约有 10 万至 150 万座。这些山原本多半是火山。

深海水流流到海底山脉的山脚下之后，就会顺着山势往上流。这样一来，寒冷并挟带丰富食物的海水便会上升，从而为栖息在上方的动物带来充足的食物。

水流会将沉积物带往海底山脉的山腰处，有利于冷水珊瑚在这里进行繁殖。

虽然纽约的帝国大厦高达 443 米，但在海底山脉面前，它就像一个小玩具一样。

深海热泉
——黑烟囱

1977 年，海洋科学家乘着"阿尔文号"潜艇在科隆群岛附近的海域进行研究，他们在超过 2000 米深的海域发现了许多巨大的黑色烟囱。从这些烟囱里不断有热水冒出来，那些富含矿物质的水与周围的海水混合后，产生沉淀变为"黑烟"。因此，学者们就将这些深海热泉称为"黑烟囱"。

黑烟囱的形成过程大概是这样的：首先，在某些地方会有低温的海水渗入海底；接下来，分布在海底下方、高温而浓稠的岩浆将这些海水加热，进而从地壳释放出金属元素与硫化物；这些高温海水混合着矿物质从烟囱中喷出，重新冒出海底。

在与低温的海水接触时，矿物质会以黑烟的形态再次沉淀，进而将原本的烟囱越堆越高。烟囱四周的细菌、蠕虫、甲壳动物和其他生物可以依靠 400 多摄氏度的释放物建构起某种共生组织。这里最令人感到有趣的生物，莫过于长约 1 米的管虫。它们紧挨着烟囱边缘分布，并且居住在类似贝类的管子里。当科学家研究这种生物时，他们曾感到十分疑惑，因为这种生物既没有嘴巴，也没有肠、胃，更没有肠子的进出口。理论上，它们根本无法进食。不过，它们的体内却布满了特殊的细菌，这些细菌以富含硫化物的水维生，它们可以将这些水转化为营养物质，从而为管虫提供生存所需的养分。另一方面，管虫血液里的血红蛋白则能帮助细菌将水中的硫化物分解出来。通过这样的方式，两者便能建构一种完整的给养循环。生活在附近的贝类、海螺、蜘蛛蟹、水母以及海葵等，都直接或间接依靠那些进食硫化物的细菌存活。据科学家们推测，地球上最早的生命很可能就起源于深海。

黑烟囱的周围经常会汇聚大量的贝类。

管 虫

这些带有红色漏斗状前端的管虫生得密密麻麻，它们整个群体都围绕在深海热泉出口的四周，某些管虫长达 3 米。

管虫的体内寄居着以硫化物为食的细菌。

"阿尔文号"潜艇

初次见到黑烟囱的科学家
都感到非常惊奇。

黑烟囱四周

　　在东太平洋的黑烟囱四周,聚集了许
多管虫与贝类。而在其他深海热泉附近,
则栖息了不少带毛的海螺或没有视觉的虾。
无论主要聚集着哪些生物,在黑烟囱附近
总能见到蔓延于海底的一大片细菌,只有
它们能够利用硫化物的化学能量。

雪人蟹

　　体长15厘米左右的雪人蟹也被科学家们称为"基瓦多
毛怪",是以波利尼西亚神话中甲壳类动物的保护神"基瓦"
命名的。它们栖息于大约2000米深的海域,没有视觉功能。
尽管如此,凭借着头上的"天线"和螯,还有覆盖在螯上的
绒毛,它们仍然有本事找到食物。直到2005年,科学家才
首次在复活节岛附近的海域发现这种生物。在雪人蟹浓密的
绒毛上布满了大量的细菌,它们可以通过这些细菌获得养分。
为了让这些细菌能妥善繁殖,雪人蟹会小心翼翼地照顾细菌
生长的园地。它们会经常将螯伸向较小的烟囱附近摆动,借
此为细菌提供充足的给养。

深海众生相

作为一位未来的深海专家，你一定想知道，自己需要研究的对象是什么吧！这个章节将会为你介绍一些应该牢记的特殊面孔。它们有些为了具备更好的视觉，因而拥有硕大的双眼；有些则是完全放弃眼睛，长了一张利于捕食的嘴；有些外表极度凶残或十分可笑；有些则会让见到的人发出惊叹；有些会在血盆大口里面布满既长又尖的牙……即使是想象力最丰富的科幻小说家，恐怕也很难构思出如此怪异的生物吧！

管眼鱼

它是戴了一副飞行员的护目镜吗？飞行员不能只望着同一个方向，那样就太危险了。可是，一般来说，管眼鱼总是看着上方。当它们看着你时，就盘算着要把你吃下肚去。好好研究一下这位来自深海的朋友吧！

大王具足虫

这是一种配有良好装甲的古老生物。由于大王具足虫的肢体都覆有厚重的甲壳，因此，它们不但生活步调慢，成长速度也慢。大王具足虫可以长到40厘米长。

甘氏巨螯蟹

在这张图中看不到的是，甘氏巨螯蟹长着1.5米多长的腿。

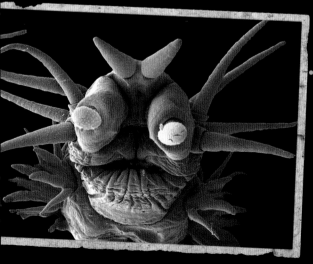

多毛纲生物

图中的生物并不是来自外层空间的怪物，它们是深海热泉附近的居民。

深海鮟鱇

不、不、不要吃我啊！图中体型娇小的雄性深海鮟鱇正在求偶。雌性深海鮟鱇的体型往往比雄鱼大上千倍。雌鱼头上的发光"钓竿"会吸引雄鱼前来求偶。

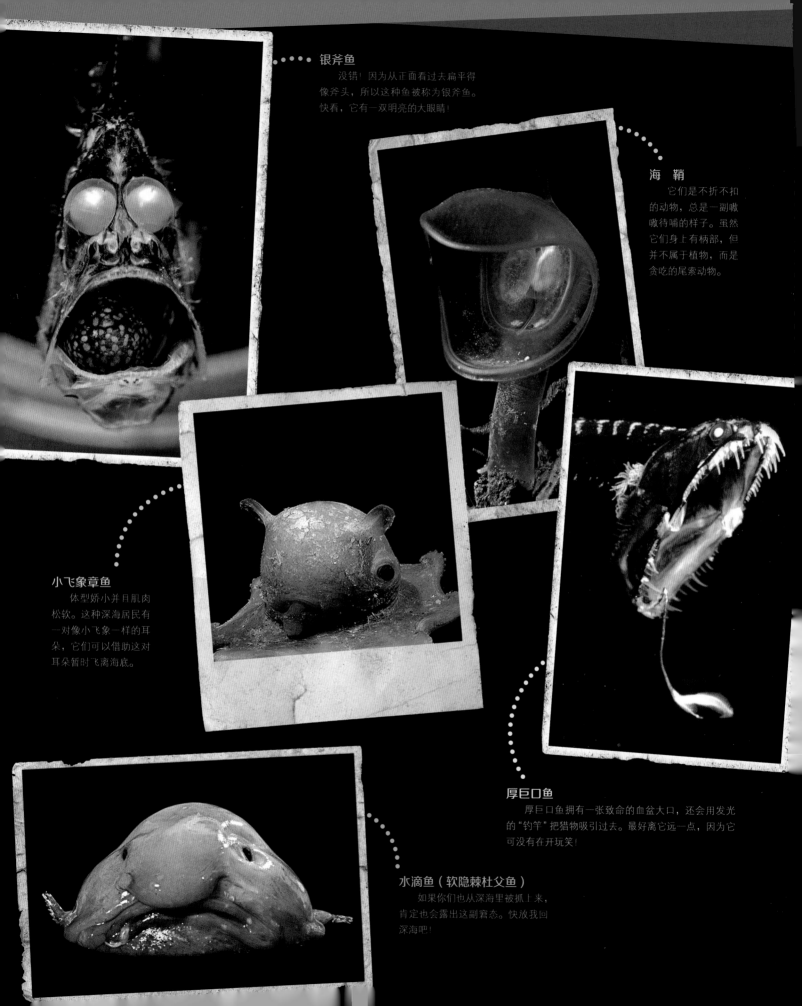

银斧鱼

没错！因为从正面看过去扁平得像斧头，所以这种鱼被称为银斧鱼。快看，它有一双明亮的大眼睛！

海鞘

它们是不折不扣的动物，总是一副嗷嗷待哺的样子。虽然它们身上有柄部，但并不属于植物，而是贪吃的尾索动物。

小飞象章鱼

体型娇小并且肌肉松软。这种深海居民有一对像小飞象一样的耳朵，它们可以借助这对耳朵暂时飞离海底。

厚巨口鱼

厚巨口鱼拥有一张致命的血盆大口，还会用发光的"钓竿"把猎物吸引过去。最好离它远一点，因为它可没有在开玩笑！

水滴鱼（软隐棘杜父鱼）

如果你们也从深海里被抓上来，肯定也会露出这副窘态。快放我回深海吧！

失落之城

2000 年 12 月，一队科学家在搭乘 "阿尔文号" 潜艇深入大西洋的途中，意外发现了一个特殊的地方。在他们眼前出现了许多白色巨塔。这些巨塔高达 60 米，密密麻麻地排列着，就像大城市里的摩天大楼。然而，这里既见不到管虫、贝类，也没有甲壳动物的踪影，仿佛是一座人去楼空的鬼城。于是科学家们便称此地为 "失落之城"。

一个危险的地方

从温度计显示的水温可以得知，这里的平均温度约为 90℃，比起黑烟囱 400℃的高温，这里明显要 "凉快" 一些。此外，失落之城与黑烟囱还有另一个显著的差异——黑烟囱附近的水是酸水，可是这里的水却是碱水。也就是说，这里并不是适合生物生长的好地方。在这里，当烟囱里所排出的高温释放物与低温的海水接触时，会造成石灰与其他矿物质的沉淀，进而成为构筑这些白色巨塔的材料。

鬼城里的居民

经过详细勘察之后，科学家们才发现，原来仍然有生物存活于这座城市。在塔与塔之间，其实分布了许多微生物的群落。它们看起来像透明的海藻一样，随着高温的水流来来回回地摇曳。这些生物是以甲烷和氢气维生的细菌与原始细菌。在地球的生命起源过程中，像失落之城这种类型的地方很可能曾经扮演过十分重要的角色。

在这些白色巨塔的附近，还可以见到一些海绵动物与冷水珊瑚；螃蟹或海胆之类的动物则较少出现。

据专家推测，这座失落之城已经在地球上存续了约 12 万年之久。与之相比，黑烟囱的寿命相对短了很多。由于黑烟囱多半经过数十年之后就会枯竭，时间一到，住在那里的居民也必须迁走。

地球上最奇特的生存空间之一：失落之城位于亚特兰蒂斯山块。这是巨大的海底山脉——大西洋中脊的一部分。

失落之城

大西洋中脊

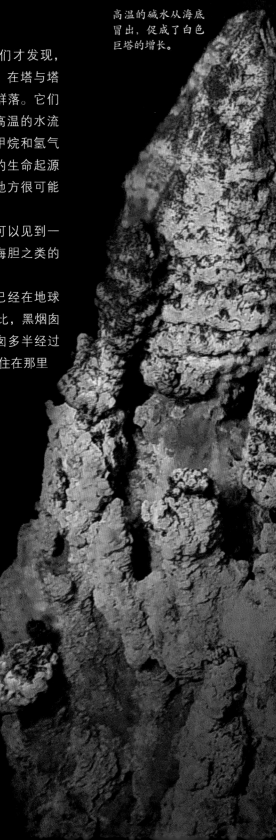

高温的碱水从海底冒出，促成了白色巨塔的增长。

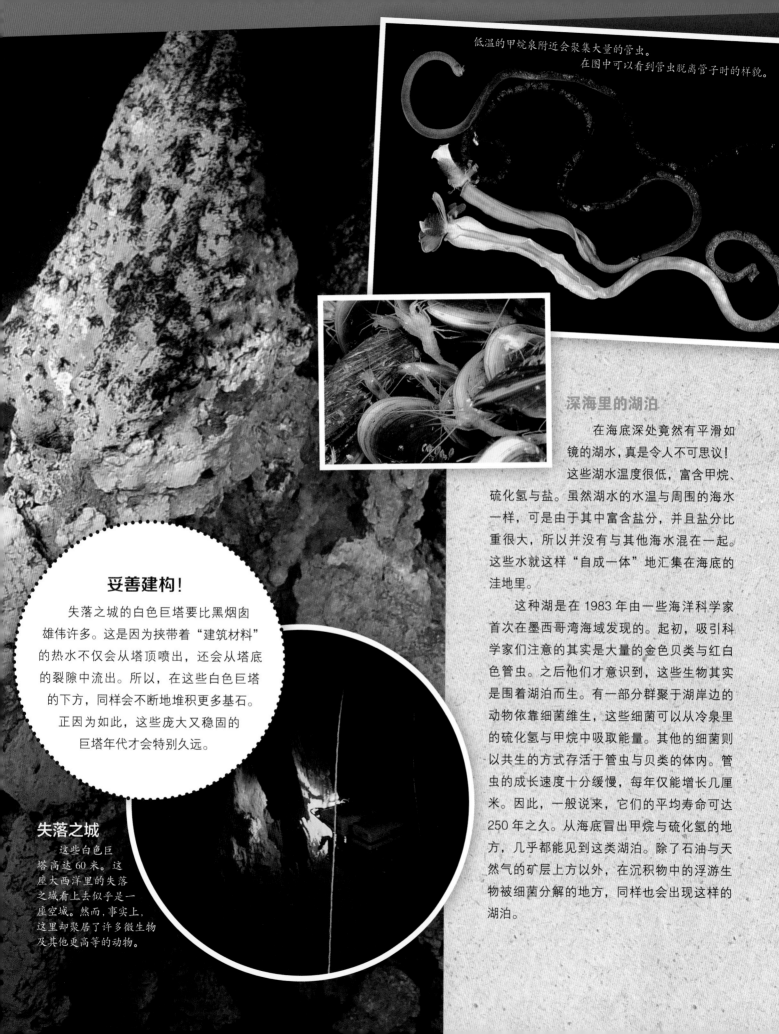

低温的甲烷泉附近会聚集大量的管虫。
在图中可以看到管虫脱离管子时的样貌。

深海里的湖泊

在海底深处竟然有平滑如镜的湖水，真是令人不可思议！这些湖水温度很低，富含甲烷、硫化氢与盐。虽然湖水的水温与周围的海水一样，可是由于其中富含盐分，并且盐分比重很大，所以并没有与其他海水混在一起。这些水就这样"自成一体"地汇集在海底的洼地里。

这种湖是在 1983 年由一些海洋科学家首次在墨西哥湾海域发现的。起初，吸引科学家们注意的其实是大量的金色贝类与红白色管虫。之后他们才意识到，这些生物其实是围着湖泊而生。有一部分群聚于湖岸边的动物依靠细菌维生，这些细菌可以从冷泉里的硫化氢与甲烷中吸取能量。其他的细菌则以共生的方式存活于管虫与贝类的体内。管虫的成长速度十分缓慢，每年仅能增长几厘米。因此，一般说来，它们的平均寿命可达 250 年之久。从海底冒出甲烷与硫化氢的地方，几乎都能见到这类湖泊。除了石油与天然气的矿层上方以外，在沉积物中的浮游生物被细菌分解的地方，同样也会出现这样的湖泊。

妥善建构！

失落之城的白色巨塔要比黑烟囱雄伟许多。这是因为挟带着"建筑材料"的热水不仅会从塔顶喷出，还会从塔底的裂隙中流出。所以，在这些白色巨塔的下方，同样会不断地堆积更多基石。正因为如此，这些庞大又稳固的巨塔年代才会特别久远。

失落之城

这些白色巨塔高达 60 米。这座大西洋里的失落之城看上去似乎是一座空城。然而，事实上，这里却聚居了许多微生物及其他更高等的动物。

今天有鲸鱼大餐！

许多鲸鱼会在夏季与冬季长途跋涉到另一个海域。它们通常会在冬季栖息区进行生产，在返回温度较低且食物丰富的夏季栖息区时，有些鲸鱼会因为精疲力竭或饥饿而死在半路上，一部分鲸鱼的尸体则会沉入海底。

寻找火箭，却发现鲸鱼

在这里，我们又得提到"阿尔文号"这艘举世闻名的潜艇了。1987 年，在某处 2000 多米深的海域，"阿尔文号"意外发现了一具沉入海底的鲸鱼尸体。不久之后，美国海军在寻找一枚坠落的火箭时，也在加州沿海附近发现了 8 具鲸鱼尸体。这些不同寻常的事件引起了学者们的高度好奇，于是人们便开始对鲸鱼尸体进行深入研究。研究结果显示，鲸鱼的尸体其实为深海里的许多动物提供了丰富的养分。海底盆地十分贫瘠，一般来说，那里总是食物短缺，仅有少量有机的"雪花"（即有机微粒）会落到海底。如果一次落下了一头大鲸鱼的尸体，无异于在海底准备了一场丰盛的宴席。

前来赴宴！

鲸鱼的尸体撞击到海底后，海水的波动与腐化的气味便会呼唤各种食腐动物前来赴宴。它们有的漂浮、有的爬行、有的蠕动，目的地只有一个，那就是腐臭味最强烈的地方。

盲鳗

鲸脂是盲鳗所喜爱的美食。这种动物的体长约为 20 至 100 厘米。它们的皮肤表面没有鳞片保护，只包覆着一层黏膜。它们既没有眼睛也没有下颚，却能在遥远的地方就嗅到腐尸的气味，进而赶赴海底盛宴、大快朵颐。

1 直到整头鲸鱼完全消失，这样的过程可以持续数十年。第一阶段：首先，会有一些体型较大、移动速度较快的食腐动物前来，例如鲨鱼和盲鳗等。它们会啃食尸体的软质部分。

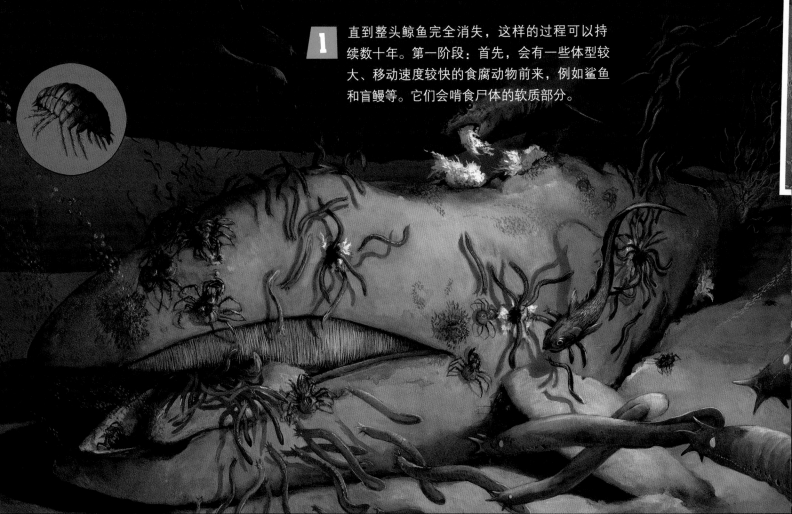

2 第二阶段：甲壳动物和蠕虫会啃食散落在骨头四周的有机残余物。

食骨蠕虫

食骨蠕虫俗称食骨虫，在共生细菌的协助下，这种蠕虫可以啃噬鲸鱼骨骼。

3 第三阶段：蠕虫和细菌会分解鲸鱼骨骼里的脂肪。

体型庞大、长达4米的鲨鱼来了，它们会大口咬下鲸鱼的肌肉与鲸脂（即鲸鱼皮下的厚重脂肪层）。而数以百计的盲鳗则会钻进鲸鱼的脂肪层里。深海鳕鱼等鱼类以及其他甲壳动物也都会风尘仆仆地赶赴这场盛宴。一般来说，这样的"流水席"可以长达数月，而体型较大的蓝鲸甚至能够让派对持续数年。一直到所有的软质部分被吃得干干净净，整副尸体只剩下骨头，大部分宾客才会陆续散去。至于蠕虫与细菌，则会坚守到最后。食骨蠕虫是一种以骨头为食的蠕虫，它们会钻进骨头里分解其中的脂肪，在这个过程中释放出的硫化氢，可以进一步滋养其他的细菌。研发洗洁精的化学家非常想知道——食骨蠕虫是如何将脂肪分解的？也许，在不久的将来，人们会研发出借助食骨动物去除污垢的洗洁精。

鲸鱼尸体

原本重达30多吨的鲸鱼尸体，在过了一年半之后就只剩下一堆骨头。尽管如此，仍然有许多生物在骨头里大快朵颐。由于鲸鱼尸体下方的沉积物中富含有机物质，骨头与其四周的海底会有大量的细菌群聚。就连盲鳗也能持续拥有充足的食物。蠕虫与细菌则会钻进富含油脂的骨头里。仅仅一具鲸鱼尸体，就可以在长达数年的时间里养活400多种物种。

➡ 你知道吗？

沉入海底的鲸鱼尸体就像沙漠中的绿洲一样，能帮助深海里的居民延续生命。可是由于人类大量捕捉鲸鱼，沉入海底的鲸鱼变得越来越少。

深海潜水员

戴上面罩、穿上潜水鞋和橡胶潜水服、背上高压气瓶，休闲潜水的潜水者多半只能下潜到约 40 米深的海域。然而，为了修理钻井平台、输油管道或缆线等，职业潜水员往往必须潜得更深。装甲潜水服可以满足职业潜水员的需求，它们能保护潜水员免受巨大水压的伤害。这种特殊潜水服里的压力与海平面的压力相同，即一个标准大气压。潜水员可以在这样的潜水服里呼吸一般的空气。还有一些潜水员穿着软质潜水服，身体承受着巨大的水压，他们所呼吸的是经过压缩的空气。这些压缩空气会进入到潜水员的血液和组织里。为了避免因气体在上升途中散逸（就像打开气泡矿泉水那样）而罹患潜水病，这些潜水员必须要进行很长时间的减压暂停。不过，如果穿上装甲潜水服，则可以省略这样的步骤，人们可以迅速地将潜水员拉回水面。穿上装甲潜水服，海洋生物学家便能探索微光区，亲自去研究那里的生态；如果想要下潜到更深的海域，就得借助其他高科技的潜水工具了。

可穿戴的潜艇
穿上装甲潜水服后，潜水员可以下潜到约 600 米深的海域。他们在潜水的过程中可以呼吸到未经压缩的一般空气。这类潜水服通常应用于修理钻井平台、输油管道与打捞等方面的工作。潜水员用左脚控制上浮与下潜，用右脚控制方向。潜水服的动力装置则位于背部。

装甲潜水服十分笨重。潜水员在下水时需要借助绞盘。到达水里后，便会有水的浮力相助。

1935 年的潜水装备：
左边是用来下潜至较深海域的装甲潜水服，右边则是简单的通气管潜水服。

连着长长的缆线

　　海洋科学家并不是总得亲自下潜至深海，利用遥控潜水机器人是比较安全且经济的方式。遥控潜水器（简称 ROV）与母船之间有一条长达数千米的缆线相连，潜水器的电源可以通过这条缆线供应。科学家可以在母船的甲板上利用摄影机传回来的画面操控潜艇。他们还可以控制机械手臂从海底采集样本、捕捉动物，或是将自动侦测装置设置于海底。这种潜水机器人能够比载人潜艇在深海里停留更长的时间。有时载人潜艇也会配备遥控潜水器，以"阿尔文号"为例，它就搭载了"小杰森号"潜水机器人，科学家们曾遥控这台潜水器近距离探索黑烟囱的烟管。

独自上路

　　然而，有时牵引遥控潜水器的缆线会不够长，这时就得派出"自主式水下载具"（简称 AUV）。这种水下交通工具无人搭乘，它由配置的计算机操控。人们可以借助自主式水下载具描绘出详细的海底地图，或是检查海底缆线与输油管道。海洋科学家则会利用自主式水下载具去探寻深海热泉或甲烷水合物的蕴藏地。鱼雷形的自主式水下载具由尾部的一组螺旋桨推进。引擎、计算机与传感器所需要的电力，则来源于自主式水下载具所搭载的强力电池。当发生机械故障时，自主式水下载具不仅会自动上浮，还会发出信号标示其所在的位置。

遥控潜水器（简称ROV）

　　遥控潜水器会连着长长的缆线，它们无人驾驶，通过一条缆线来操控。遥控潜水器可以帮助人们完成许多危险的任务。此外，相较于潜艇，使用遥控潜水器的成本也更低。

自主式水下载具（简称AUV）

　　自主式水下载具可以独立完成水下作业。它们搭载有计算机，只要电力充足，多半都能顺利完成任务。

　　自主式水下载具"奥德赛号"在经由一个冰洞被送入北冰洋之后，便开始独立执行任务。此次任务所历经的旅途十分漫长，遥控潜水器和载人潜艇都无法完成。

人们先将"阿尔文号"放在母船上,并运往任务地点。接着便用起重机将它放入水中。现在"阿尔文号"已经做好准备,随时可以下潜。

乘着"阿尔文号"到深海

在雅克·皮卡德与唐纳德·沃尔什于1960年搭乘"特里亚斯特号"潜入马里亚纳海沟时,他们还必须先用船将潜艇拖到下潜的地点。这样做不但花费时间,而且需要资金支持,由于"特里亚斯特号"实在是太大了,无法直接安置于甲板上运送,当时的做法也是迫不得已。

娇小的万能潜艇

此后,人们陆续研发了一些较小型的水下交通工具,它们可以被安置在研究船上,直接运往执行任务的地点。这些小型潜艇大多能供3人搭乘,而且操作十分简单。小型潜艇上配有摄影机、探照灯和机械手臂。驾驶员可以借助机械手臂采集海水或沉积物的样本。此外,人们还能利用吸管捕捉海里的动物,将它们带回实验室进行更深入的研究。科学家们有时也会将一些实验品留在海底,过一段时间后再将它们回收。例如,他们会在海底放置木块,借此来研究木块是如何被分解的。

超级英雄

最著名的潜艇当属"阿尔文号"。"阿尔文号"曾于1966年登上报纸的头条,因为它在靠近西班牙的地中海海域成功寻获并打捞起一枚沉没的氢弹。

"阿尔文号"原是由美国海军所研发,后来才被用作深海研究。这艘潜艇所经历的许多发现都曾轰动一时。例如1977年,在科隆群岛附近海域发现的黑烟囱,至今仍被人们津津乐道。科学家们发现,那里竟存在着不依靠太阳能源的生命共同体,无不啧啧称奇。此外,火山活动旺盛的大西洋中脊,其海底样本与详尽的图像最早也是来自"阿尔文号"。"阿尔文号"由一位经验丰富的驾驶员驾驶,其余两位随行人员多半是科学家。

与众不同的邂逅:一只好奇的章鱼爬上了"阿尔文号"的机械臂。"阿尔文号"内部除了有大量电子设备,还有一个驾驶员座位和两个观察员座位。"阿尔文号"并没有安装暖气,因此深海的低温会透进舱里来。

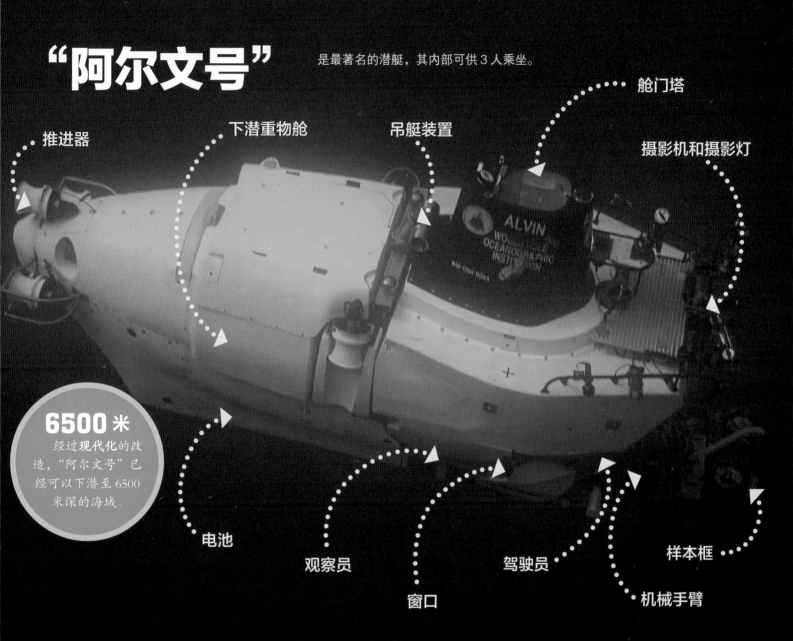

"阿尔文号"

是最著名的潜艇，其内部可供 3 人乘坐。

推进器

下潜重物舱

吊艇装置

舱门塔

摄影机和摄影灯

6500 米
经过现代化的改造，"阿尔文号"已经可以下潜至 6500 米深的海域。

电池

观察员

窗口

驾驶员

机械手臂

样本框

运气不佳！

1986 年，由于一条钢缆断裂导致船身进水，"阿尔文号"沉没到 1525 米深的海域。所幸当时潜艇里并没有人，只有一个装了三明治与苹果的皮质提袋随着潜艇流落深海。经过 10 个多月，"阿尔文号"总算被打捞上来。令人惊奇的是，原本留在舱里的食物竟然完好如初！

有趣的事实

什么都别喝！

如果你仔细观察一下"阿尔文号"的内部，就会发现里面并没有卫生间。深海科学家在进行潜航之前都会尽量少喝东西，因为下潜一次或许就得花上 8 个多小时。此外，到了深海也会明显感到寒冷，所以一定要携带御寒衣物！

为什么要研究深海？

关于深海的最新研究和发现，让我们满怀期待，想必未来一定能为世人带来更多惊喜。在过去的研究潜航中，科学家们几乎每次都能发现新的生物物种。遗憾的是，有些生物迄今仍鲜为人知。但在医药研发方面，那些生存在深海极端环境下的生物，或许能带给我们更多启发。

深海研究能帮助我们了解地球这个行星的运作方式。毕竟，海底的许多活动会影响全球气候以及陆地上的天气状况。在了解到深海里的生物能完全不依靠阳光存活后，我们对地球上生命起源的认知也彻底遭到颠覆。说不定，在不久的将来，人们就会在太阳系里，例如在木星的一些卫星上，发现其他的生物。为了一探究竟，或许可以将目前人类用于深海研究的自主式潜水机器人派到那里。

神秘矮铠甲虫
这种生物栖息于深海。"深海生物圈"里的许多生物至今仍鲜为人知。

深 海
研究这个星球上规模最大的生态系统，不仅仅是对人类科技的一大挑战，更需要耗费巨额的资金。尽管如此，开展这类研究仍然是值得的！

新物种
深海里的大部分生物物种都在等待着我们发现。

外层空间的深海研究

木星的卫星"欧罗巴"表面布满了冰层,科学家们推测,冰层下面应该是海洋。而海底或许会有热泉,可以孕育生命。借助类似用于深海研究的潜水机器人,或许可以帮助人类探索"欧罗巴"卫星上的生命。

展望未来

深海里的微生物生存在与陆地截然不同的生活环境里,也许在这样的环境中,大自然已经创造出某些能带给人类重大贡献的生物。

硅藻

这些海藻的壳可以作为天然的滤水器,运用在游泳池等场所。

小而美

深海里的各种生物总是令人啧啧称奇。这种海藻不仅生有硬甲,还能用蓝绿色的光吓退掠食者。

知识加油站

▶ 我们的气候会对深海造成影响,反之亦然。我们的星球被由深海洋流与表面洋流所构成的洋流带所环绕。地球上的气候如何,同样要取决于深海的流水。

船骸与宝藏

自从人类开始海上航行以来，迄今已有4000多年的航海历史。从一开始，便不断有船舶因为船难而沉没。海底无数的船骸背后都有一段可歌可泣的故事：有的是因为天灾，有的是因为劫掠，有的则是因为战争。无论是战舰、蒸汽客轮、商船还是现代油轮，海底的各式船骸都应有尽有。在这些沉船当中，有不少船舶原本载有珍贵的宝藏。多亏现代科技的发展，如今人类不但可以对海底进行大规模的探索，更能进而发现过往的许多船骸。古老的木质沉船多半经不起岁月的摧残，可是它们所载运的物品，却往往经得起时间的考验。比如陶罐、玻璃、大炮、枪支或黄铜钉等，或多或少都能透露给我们一些与贸易、探险有关的过往。此外，这些船骸也彰显了那些受难海员们的大无畏精神。

海里的宝藏

据推测，目前约有300多万艘船骸沉没于世界各地的海底，其中每10艘船中便有1艘载运有金条、银币、珠宝、瓷器等价值不菲的物品。也就是说，如今约有300至3000亿欧元的宝藏在海底等待人们的发掘。某些船骸比较容易接近。不少从前的西班牙运金船都沉没在加勒比海10至30米深的温暖海域。尽管船身的木料早已腐朽，可是海底的沙地上还躺着许多大炮与金银。还有一些船舶则沉没在数千米深的海底，仅仅依靠潜水员恐怕难以接近。为此，人们成立了一些特殊的打捞公司，专门搜寻这些船骸的下落，并借助潜艇与潜水机器人将载运的物品打捞上岸。这类行动的开支十分庞大，搜寻一天往往就得花费数千欧元。然而，如果能成功打捞起宝藏，便能获得十分丰厚的报酬。

探访"泰坦尼克号"

1912年4月14日至15日，"泰坦尼克号"——这艘当时最先进的邮轮，竟意外撞上了一座冰山。人们曾经以为这艘船永远都不会沉没，想不到最终它还是葬身于寒冷的北大西洋。

充满冒险性的潜水

能够潜至某个船骸所在之处进行研究，总是令人兴奋不已。每一个船骸背后都有一个哀伤的故事。不过，有的船骸中也会藏有奇珍异宝。只可惜并非所有船骸都沉没在低浅的海域。

听，什么东西躺在那里？

如今人们可以利用多波束声呐与侧扫声呐侦测海底。声呐会发出声脉冲，然后传感器会对回声进行反应。通过这样的方式就能得到海底的图像，进而辨识出沉没于其中的船骸。

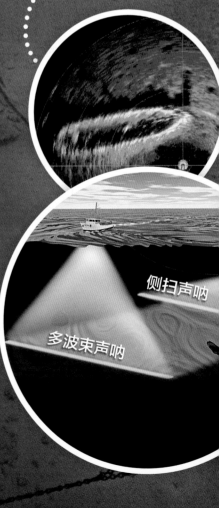

侧扫声呐

多波束声呐

人们曾经以为它永远不会沉没。然而，1912 年 4 月，就在首次航行的旅途上，"泰坦尼克号"竟意外撞上冰山，导致舱壁破损，不幸沉没于北大西洋的海底。

在这场船难中，约有 1500 人不幸丧生。在长达 70 多年的时间里，人们对于船骸所在的位置一无所知。直到 1985 年，"泰坦尼克号"才在某个将近 4000 米深的海域被人发现，那艘船当时早已断成两截。如今，游客们还可以搭乘潜艇去一窥船骸的面貌。在潜艇下潜约两个小时后，首先映入眼帘的是"泰坦尼克号"的船首。甲板的木料早已腐朽，当时的旅客曾在上面散步。海底到处散落着碎片、餐具、鞋子与行李箱等物品。探访"泰坦尼克号"的潜航之旅，就像一场令人屏息的时空之旅。

自动的助手

人们也会利用无人潜水机器人去探索像"泰坦尼克号"这种沉没于海底的船骸。自动的潜水机器人能记录海底的轮廓与船骸的分布情况。而通过缆线遥控的潜水机器人，不仅可以比无人潜艇在海里停留更长时间，甚至还能潜入船骸之中。

打捞宝藏

在爱尔兰附近的海域，某家打捞公司曾经从"盖尔索帕号"的船骸里打捞出 1200 根银条。这艘船的船骸位于 4700 多米深的海底。打捞上岸的宝藏总价值估计超过 3000 万欧元。

金 币

在海底深处散落着许多金与银。这些金银是西班牙人从美洲掠夺走的，其中有许多沉没在难以抵达的深海。

面临威胁的深海

深海垃圾堆：在过去这段时间，垃圾与有毒物质为深海生物带来了严重的威胁。

地球是一个充满水的行星，它的表面有百分之七十以上都被海洋覆盖，其中绝大部分都是深海。在过去数十年间，科学家在深海领域有了许多令人叹为观止的发现，比如黑烟囱、白色巨塔以及其他奇特的生物，都为世人津津乐道。几乎每次前往深海探索，科学家们都能预见会再度发现新物种。

然而，这个奇妙的世界如今却面临着威胁。大规模的捕鱼活动已经将上层海域的许多鱼类捕捞殆尽，在不少地方目前已经很难捕到金枪鱼或剑鱼了，因此，许多渔船进行了改造，以便将捕捞范围扩张到更深的海域。如今有各种沉重的渔网经常在海底翻搅，在它们拖行范围内的一切都难逃厄运。例如海底珊瑚礁在这样的捕捞作业中遭到无法恢复的破坏，这些珊瑚礁需要数千年的时间才能长成目前的规模。此外，渔船的海底拖网也消灭了深海山脉附近的大量生物。由于深海鱼类的成长速度较为缓慢，要发育到具有繁殖能力往往需要数年的时间，因此，深海生态要从这种侵扰中复原总是十分困难。

深海里的石油

深海就像是一个巨大的原料库，海底的许多地方都蕴藏着大量石油。为了寻找新的油田，人们便把脑筋动到了海底。然而，由于石油会从钻油孔溢出，对海底造成污染，因此，在海底钻油并不是个好主意。在较浅的海域，细菌分解石油的速度相对较快；可是在深海里，由于温度较低，再加上缺乏氧气，要将石油彻底分解往往需要花费数十年的时间。

在 4300 米深的海域蕴藏着大量锰结核，除了锰以外，那里还富含铜与其他珍贵的金属。当人们着手开采这些矿藏时，这只红色海参又该何去何从呢？

危险！来自深海的原油！2010年，位于墨西哥湾的钻井油田"深水地平线"发生爆炸，深海也因此惨遭污染。

在"深水地平线"钻井平台发生爆炸后，生长在1400米深的海底的珊瑚也被蒙上了石油。

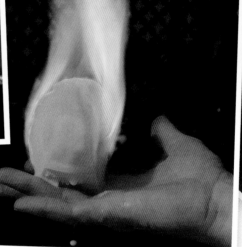

甲烷水合物真的能为我们解决能源问题吗？

深海矿业

海底也蕴藏了大量可燃的甲烷水合物，开采这种能源究竟会不会衍生出新的问题，目前还不得而知。甲烷是比二氧化碳威力更强的温室气体。一旦大量开采，深海的甲烷会不会加剧地球的暖化呢？此外，甲烷也不是可再生的能源。除了石油与甲烷之外，在太平洋的某些地方，还蕴藏着广达数千平方千米的锰结核，那里的沉积物中富含稀土金属，它们经常被用来制造电动机或手机。问题在于，有什么开采方法可以不用伤及海底的生态呢？人们或许可以用巨型的深海吸取装置将锰结核吸起来。至于被扬起的沉积物，则会再度沉淀于其他地方。在深海采矿不仅会导致海底变成一片荒芜，而且在短时间之内恐怕也难以复原。更重要的是，根本没有人知道，这样的变动究竟会对敏感的深海生态带来什么样的后果。

ZERTIFIZIERTE NACHHALTIGE FISCHEREI
MSC
www.msc.org/de

保护深海，从陆地开始

海洋为我们提供食物并调节气候，因此深海是非常值得被保护的。可是我们能为深海做些什么呢？

- 温室气体二氧化碳会使海洋变暖、变酸，不仅洋流系统可能会因此发生改变，酸化的海水也会影响珊瑚与其他海洋生物的成长。因此，我们应该尽量少开车，或者以自行车代步。
- 只食用通过合法途径捕捞的海产品。
- 拒绝食用深海鱼。
- 不将有毒物质倒入水中；使用环保清洁用品。
- 尽量不用塑料袋，将塑料垃圾丢进回收桶。鱼类痛恨塑料！

访问深海里
最奇特的居民

名称： 尖牙鱼（角高体金眼鲷）
个性： 超酷
体长： 15厘米
爱好： 挨饿

你好，跟我们说说你的长相吧！

你现在看到的就是我——尖牙鱼，我可是危险得很！那些见过我利牙的倒霉鬼，多半是凶多吉少！

这些牙齿长得可不太好看！

住在海底也是不得已嘛！

你脸上的条痕是怎么回事呢？

通过它们我就能感受到有食物游过，那些美食会逗得我心痒痒的！

你最喜欢吃什么？

烤苹果……才怪！老实说，凡是进到我嘴里的食物，我来者不拒。

连水滴鱼也吃吗？

你的眼睛是被蛤蜊黏住了吗？水滴鱼对我来说太大了！况且，老实说，它们的长相真是让我倒尽胃口！

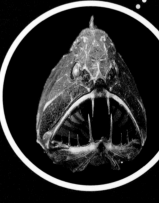

如果有潜艇开到附近，你们肯定会热烈欢迎吧？

天啊，我恨透潜艇了！它们把这四周搞得灯火通明。时不时还会把我们这里的居民用吸管吸走。真不知道它们到底想干什么？

住在深海里，你们整天都在做些什么？这里难道不会让人闷得发慌吗？

我都会打打毛线袜……才怪！事实上，我总是忍着饥饿，耐心等待有什么好吃的东西自己游过来。没错，这里的确很沉闷，但这里也是一个大办公室。

你难道不想去看看太阳？

亮光、高温与低压很不养生，上面的环境对我来说可是一种极端生活环境。我的脑袋没有坏掉！我宁可留在这里。

我本身比较喜欢有阳光。

你们才是生活在极端生活环境里吧，你们这些人类！我可受不了那样的地方！

你还好吧？ 看你的样子，
是不是有什么难言之隐？

你太容易被外表所欺骗了！

你也会闹别扭啊？！

我只是无法适应上面的环境而已，我需要压力、
黑暗与寒冷。上面对我来说简直就是地狱，而且这里
还燃烧着地狱火！

哦，阳光，所有生命的源头！

你们人类真的太自以为是了！太阳其实会伤害我们
深海居民的感官。我要回去了，回到深海里！

不过在你离开之前能否让我再问几个问题？
你看起来有点软趴趴……

软趴趴？你刚刚是说软趴趴吗？你也不去照照镜子，自己
又是什么样子？！

你看起来……像一个有颗蒜头鼻、
秃头、暴躁易怒的糟老头。

你真这么觉得？是呀，在你们所谓的陆地上，我的外貌确实
奇丑无比。可是在我们那儿，软趴趴却是完全正常的。我可以慵
懒地让水带着我漂浮，怎么样？还不错吧！四周的强大压力真是
恰到好处。我喜欢压力胜过一切，超高压万岁！我想我来你们这
儿已经看够了。我还是早点回去吧！嘿嘿！

水滴鱼的体内存着大量的水。因此，对许多
掠食者而言，它们实在大到难以下咽。

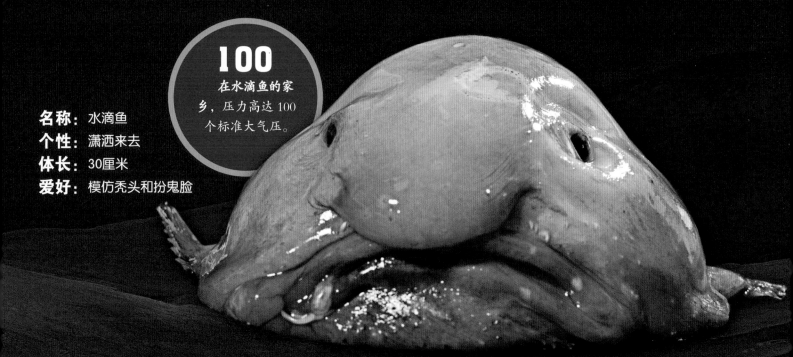

100
在水滴鱼的家
乡，压力高达 100
个标准大气压。

名称： 水滴鱼
个性： 潇洒来去
体长： 30厘米
爱好： 模仿秃头和扮鬼脸

名词解释

生物发光：深海里常见到生物发出光芒的现象。

潜艇：用来探索海底世界的交通工具之一。在潜航过程中，乘客可以在密闭球舱里获得保护。

深海潜艇：一种可以搭载人潜至深海的潜艇。驾驶员与其他乘客可以坐在由钢或钛打造的球形密闭舱里。

透光层：海洋最上层的海域。这个区域阳光充足，有利于进行光合作用。

微光层：与阳光可以穿透的最上层海域相连的海域。微光层从海平面以下200米一直延伸到海平面以下1000米。少量能够到达这个区域的光线已经不足以帮助植物进行光合作用。

光合作用：一种生物化学过程。在这个过程中，植物会借助阳光的能量制造出氧气和有机物质。

深海热泉：从海底涌出滚烫热水的现象。

黑烟囱：即深海热泉，因为富含矿物质的高温海水与周围海水混合后变黑，所以又被称为黑烟囱。

洋盆：在海洋的底部有许多低平的地带，周围是相对较高的海底山脉，这种类似陆地上盆地的构造叫作海盆或者洋盆。

海洋地壳：地壳构成的海洋底部的部分。

浮游植物：生长在透光层海域里的微小植物。

浮游生物：游泳能力弱，只能随海流漂流的小型动植物。这些生物位于食物链的最底层。

遥控潜水器：简称ROV。海洋科学家所使用的遥控潜水器，会用缆线与母船或潜艇相连，并从该处操控潜水器。其他所谓的自主载具（简称AOV）或自主式水下载具（简称AUV）等潜艇，则可以在没有缆线相连的情况下自动潜航。

海底山脉：深海里的山脉，其中多半为火山。

沉积物：沉淀于海底的固态微粒集合。

声呐：又称回声探测仪。所发出的声脉冲会被海底或其他物体反弹。传感器利用所接收到的回声，不仅能描绘出海底的轮廓，还能侦测到深海山脉、鱼群或船骸等特定对象。

共生：分属于不同物种的生物，在彼此互利的情况下共同存活的生活方式。

海沟：又称深海凹地。海底相对狭窄的凹处，这些地方十分陡峭，最深的海沟深达11千米。

浮游动物：随海水漂流的小型动物。比如显微镜下可见的微小生物、鱼苗、小型甲壳动物以及水母等。

图片来源说明 / images sources:

Alfred Wegener Institut: 17上右（J.Gutt/AWI），19下（Illu Christina Bienhold/Sabine Lüdeling）；Astrofoto:8中右（NOAA），32下左：AUV-Team（GEOMAR Helmholtz-Zentrum für Ozeanforschung Kiel）:37下右（Leibniz-Institut für Meereswissenschaften（IFM-GEOMAR）；BGR（Bundesanstalt für Geowissenschaften und Rohstoffe）:44下右（BGR Hannover）；Biosphoto:7（Yvette Tavernier/Nausicaa），17下右（Yvette Tavernier/Nausicaa）；flickr: 24下右（CC BY 2.0/NOAA's National Ocean Service），30下左（PD Mark 1.0/Bruce Detorres），39背景图（CC BY 2.0/NOAA Photo Library）；FOCUS Photo- und Presseagentur: 3中左（A. Rosenfeld），9（1977: D.Hardy），9（1988: R.Novosti），18下左（D.Hardy），28下右（T.Berrod, Mona Lisa Production），36背景图（A. Rosenfeld）；Getty: 4-5背景图（Bettmann/Kontributor），43右（Mmdi）；Gustfoto: 45上中（Dietmar Gust）；Image Professionals GmbH:26下右（D.Heinemann）；Image Professionals GmbH（spl）:3上左（Dumbo Octopus: Dante Fenolio），7（Dumbo Octopus: Dante Fenolio），10中中（DENNIS KUNKEL MICROSCOPY），16上右（Dumbo Octopus: Dante Fenolio），31中中（Dumbo Octopus: Dante Fenolio）；iStock: 12-13背景图（Nastco）；JAMSTEC: 9（1995）；laif Agentur für Photos & Reportagen: 31上中（J.Freund/Aurora），43下右（Polaris）；Marine Stewardship Council:46中中（Logo MSC）；mauritius images: 2上右（Bluegreen Pictures），7（Bluegreen Pictures），21中左（Bluegreen Pictures），28-29背景图（Phototake）；Museum für Naturkunde, Berlin；Historische Bildund Schriftgutsammlungen: 8（1898: Bestand: Zool. Muss., Signatur: B VI/3188）；NASA: 41上右（PD）；National Geographic Creative: 27下（W. Mcnulty）；Natural History Museum of London:35；Nature Picture Library: 1（J.Rotman），2中左（D.Shale），2下右（D.Shale），3上中（D.Shale），6（D.Shale），6（S.Zankl），7（D.Shale），7（D.Shale），10上右（S. Zankl），11中左（S.Zankl），11上左（S.Zankl），12下右（D.Shale），13上左（D.Shale），13中中（D.Shale），13下右（D.Shale），13上右（S.Zankl），13中右（S.Zankl），13下右（Solvin Zankl），14下右（D.Shale），14下右（D.Shale），14上右（D.Shale），14上中（D.Shale），15上右（D.Shale），15下（D.Shale），15下左（D.Shale），16上右（D.Shale），17中右（D.Shale），17上中（D.Shale），20上左（D.Shale），21中右（D.Shale），21上右（D.Shale），23中右（C.Maufe），25下左（D.Shale），25下右（D.Shale），26上右（F.Graner），30上右（D.Shale），30中中（Visuals Unlimited），40下左（D.Shale），40下右（D.Shale），42背景图（J.Rotman）；NOAA: 8（1872-76: PD/S. Nicklas, NOS, NGS），16下左（Monterey Bay Aquarium Research Institute），17中中（Dr.S.Ross/UNC-W），17下右，18中右（BOEM/USGS），17中中（BOEM/USGS），18中右（IFE, URI-IAO, U），19上右（S.Nicklas, NOS, NGS），21上右（PD/Monterey Bay Aquarium Research Institute），25上（PD/Hopcroft/UAF/NOAA/CoML），26上右（PD），27上右（PD），28下左（Dr. Bob Embley），33上右，33中中，33下右，37下中（PD），37中右（PD），38上（MOAR/OER.），42下右，42中右，47中右（Monterey Bay Aquarium Research Institute）；NORFANZ: 3下左（K.Parkingson），31下右（K.Parkingson），47下中（K.Parkingson）；OKAPIA: 34上右（T.McHugh/NAS）；picture alliance: 4上右（William Curtis/dpa），5中右（ASSOCIATED PRESS），6上右（dieKLEINERT.de/N.Neubauer），6（Kragenhai:Awa shima Marine Park/epa/dpa），6（Perlboot Nautilus: Reinhard Dirscherl），7上右（N.Wu/WILDLIFE），8（1912: akg-images），8（1948: ullstein bild），8（1930: ASSOCIATED PRESS），8（1938: Gerard Lacz/Anka Angency International），9（1985: National_Geographic/dpa），9（2012: PETER RAE/EPA-EFE），11中右（PETER PARKS/photoshot/NHPA），12上右（Perlboot Nautilus: Reinhard Dirscherl），13（Kragenhai: Awashima Marine Park/epa/dpa），16下右（N.Wu/WILDLIFE），20下左（Franco Banfi/WaterFrame），22中右（NHK/NEP/Discovery Channel），22背景图（dieKLEINERT.de/N.Neubauer），23下（Enno Kleinert/dieKLEINERT.de），28下中（dieKLEINERT.de），29下左（Census of Marine Life/A. Filis），29上左（Photoshot），31中中（NWU/WILDLIFE），31上左（Norbert Wu/Minden Pictures），37上右（Norbert Wu/Minden Pictures），41中中（PETER PARKS/photoshot/NHPA），41下中（Norbert Lange/OKAPIA KG），41中中（Albert Lleal/Minden Pictures），44上（Sebnem Coskun/Anadolu Agency），45上左（Courtesy Everett Collection/Everett Collection），45上右（Lophelia II 2010, NOAA OER, and BOEM, via AP/AP Photo），46中右（NWU/WILDLIFE），48上右（1930: ASSOCIATED PRESS）；Pietsch, T.W.: 15中右（University of Washington）；Rothman, Michael: 34下，35上左，35中左；seatops: 22上左（M. Conlin）；Senckenberg Museum: 15上左（S.Tränkner），30下右（Sven Tränkner），46上左（Sven Tränkner）；Shutterstock: 4背景图（Roberaten），6上左（Rich Carey），6-7背景图（HolyCrazyLazy），6（Pflanzliches Plankton: F.Neidl），8-9背景图（Roberaten），9（1990: wildstanimal），10-11背景图（Rich Carey），10下中（Maple Ferryman），11上右（Pflanzliches Plankton: F. Neidl），23背景图（Roberaten），26背景图（Roberaten），33背景图（Roberaten），37背景图（Roberaten），38背景图（Roberaten），40上左（leonello calvetti），41中右（Kletr），43背景图（Roberaten），45中右（Rich Carey）；Smith, Craig: 35下左；Thinkstock: 6中左（D.Dubrovin），6-7背景图（J.Herrnsdorff），7下中（1985: Dorling Kindersley），9中（1985: Dorling Kindersley）；UIG/images.de:7下中，17下左；Wikipedia: 4中左（PD/Archival Photography by Steve Nicklas, NOS, NGS – NOAA Ship Collection），5下中（PD/NASA/JPL Caltech.），6（CC GFDL/Drow male），6（Silberbeilfisch: PD/SEFSC Pascagoula Laboratory; Collection of Brandi Noble, NOAA/NMFS/SEFSC），7中右（PD/Oceanic and Atmospheric Administration/NOAA），7下中（PD/Reinraum），8（1960: PD/Retrieved from NH 96801 U.S.Navy Bathyscaphe Trieste（1958-1963），9下右（1989: PD/NOAA/Department of Commerce），13中左（Silberbeilfisch: PD/SEFSC Pascagoula Laboratory; Collection of Brandi Noble, NOAA/NMFS/SEFSC），15中左（CC GFDL/NOAA（Drow male），15中右（CC GFDL/Drow male），16下左（CC BY 2.0/backpackphotography），18上右（CC BY 2.5/Kmusser/data from NOAA），21下左（PD/Caitlin Bailey, GFOE NOAA Office of Ocean Exploration and Research），32-33背景图（PD/NOAA/Drow male），36上右（PD），36中中（PD/U.S. Navy/Seaman Chelsea Kennedy），38中右（PD/NOAA Photo Library），39下右（PD/NOAA），40下右（PD/Carolyn Gast, National Museum of Natural History），43上中（PD），43下中（Goldmünzen: CC BY-SA 3.0 nl/Numisantica），43下中（Silbermünzen: CC BYSA 3.0/Numismática Pliego）；Zankl, Solvin:25中中，30中右

封面图片: Nature Picture Library: U1（D.Shale）；NOAA: U4

设计: independent Medien-Design

内 容 提 要

本书从海洋表层开始，逐层深入地介绍了海洋的动物、植物、地理等特征，帮助读者了解海洋，提高环保意识。《德国少年儿童百科知识全书·珍藏版》是一套引进自德国的知名少儿科普读物，内容丰富、门类齐全，内容涉及自然、地理、动物、植物、天文、地质、科技、人文等多个学科领域。本书运用丰富而精美的图片、生动的实例和青少年能够理解的语言来解释复杂的科学现象，非常适合 7 岁以上的孩子阅读。全套图书系统地、全方位地介绍了各个门类的知识，书中体现出德国人严谨的逻辑思维方式，相信对拓宽孩子的知识视野将起到积极作用。

图书在版编目（CIP）数据

深海之谜 /（德）曼弗雷德·鲍尔著 ；王荣辉译
. -- 北京：航空工业出版社，2021.10（2024.2 重印）
（德国少年儿童百科知识全书 ：珍藏版）
ISBN 978-7-5165-2746-7

Ⅰ．①深… Ⅱ．①曼… ②王… Ⅲ．①深海—少儿读
物 Ⅳ．① P72-49

中国版本图书馆 CIP 数据核字（2021）第 196530 号

著作权合同登记号
图字 01-2021-4051

Geheimnis Tiefsee. Leben in ewiger Finsternis
By Dr. Manfred Baur
© 2013 TESSLOFF VERLAG, Nuremberg, Germany, www.tessloff.com
© 2021 Dolphin Media, Ltd., Wuhan, P.R. China
for this edition in the simplified Chinese language
本书中文简体字版权经德国 Tessloff 出版社授予海豚传媒股份有限
公司，由航空工业出版社独家出版发行。

深海之谜
Shenhai Zhimi

航空工业出版社出版发行
（北京市朝阳区京顺路 5 号曙光大厦 C 座四层　100028）
发行部电话：010-85672663　010-85672683

鹤山雅图仕印刷有限公司印刷
2021 年 10 月第 1 版
开本：889×1194　1/16
印张：3.5

全国各地新华书店经售
2024 年 2 月第 6 次印刷
字数：50 千字
定价：35.00 元

 船的故事

 飞机的秘密

 火山探秘

 七大奇迹

 汽车世界

 鲨鱼家族

 百变天气

 穿越大自然

 鲸和海豚

 恐龙王国

 矿物与岩石

 爬行与两栖动物

 大自然的力量

 改变世界的电

 各种各样的鱼

 猫的家族

 奇境森林

 忠诚的狗

 浩瀚宇宙

 狼的故事

 蚂蚁和白蚁

 美丽的蝴蝶

 蜜蜂和胡蜂

 潜水的魅力

 古老的希腊文明

 古罗马生活

 欧洲风情

 骑士时代

 舞动的音符

 古老的城堡

 熊的秘密生活

 化石档案

 奇妙的昆虫

 极地世界

 神秘的蜘蛛

 大象王国

 海底宝藏

 海洋之谜

 火星登陆

 忙碌的农场

 时尚魅影

 全球气候